こたえが 1 から 20 の

こたえ						
1	1+0		1+10	2+9	3+8	4+7
2	1+1	2+0		2+10	3+9	4+8
3	1+2	2+1	3+0		3+10	4+9
4	1+3	2+2	3+1	4+0		4+10
5	1+4	2+3	3+2	4+1	5+0	
6	1+5	2+4	3+3	4+2	5+1	6+0
7	1+6	2+5	3+4	4+3	5+2	6+1
8	1+7	2+6	3+5	4+4	5+3	6+2
9	1+8	2+7	3+6	4+5	5+4	6+3
10	1+9	2+8	3+7	4+6	5+5	6+4

しざん

教科書ワーク

かずに なる たしざん

こたえ

5+6	6+5	7+4	8+3	9+2	10+1	11
5+7	6+6	7+5	8+4	9+3	10+2	12
5+8	6+7	7+6	8+5	9+4	10+3	13
5+9	6+8	7+7	8+6	9+5	10+4	14
5+10	6+9	7+8	8+7	9+6	10+5	15

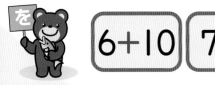

6+10	7+9	8+8	9+7	10+6	16

7+0

7+10	8+9	9+8	10+7	17

7+1 8+0

8+10	9+9	10+8	18

7+2 8+1 9+0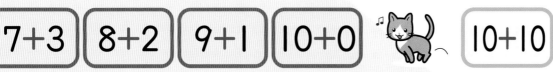

9+10	10+9	19

7+3 8+2 9+1 10+0   10+10   20

教科書ワーク算数1年折込(表)

1ねん 実力アップ 計算 れんしゅうノート

計算力がぐんぐんのびる！

このふろくは
すべての教科書に対応した
全教科書版です。

ねん	くみ	なまえ

1 たしざん (1)

とくてん

/100てん

🦁 たしざんを しましょう。

1つ6〔90てん〕

① 3+2

② 4+3

③ 1+2

④ 5+4

⑤ 7+3

⑥ 8+1

⑦ 6+4

⑧ 9+1

⑨ 4+4

⑩ 7+2

⑪ 5+5

⑫ 6+2

⑬ 1+9

⑭ 3+6

⑮ 2+8

🐨 あかい ふうせんが 5こ、あおい ふうせんが 2こ あります。ふうせんは、あわせて なんこ ありますか。

1つ5〔10てん〕

しき

こたえ (　　　　　)

2 たしざん(2)

🐻 たしざんを しましょう。

1つ6[90てん]

① 3+4　　② 2+2　　③ 3+7

④ 5+3　　⑤ 8+2　　⑥ 1+8

⑦ 2+4　　⑧ 3+1　　⑨ 4+5

⑩ 1+7　　⑪ 6+3　　⑫ 5+1

⑬ 4+2　　⑭ 9+1　　⑮ 2+5

🦁 こどもが 6にん います。4にん きました。
みんなで なんにんに なりましたか。

1つ5[10てん]

しき

こたえ (　　　　　　)

3 たしざん (3)

🐨 たしざんを しましょう。

1つ6〔90てん〕

① 2+3　　② 1+5　　③ 7+1

④ 4+1　　⑤ 3+3　　⑥ 6+3

⑦ 2+6　　⑧ 1+6　　⑨ 8+2

⑩ 1+3　　⑪ 5+2　　⑫ 4+6

⑬ 6+1　　⑭ 2+7　　⑮ 3+5

🐻 いちごの けえきが 4こ あります。めろんの
けえきが 5こ あります。けえきは、ぜんぶで
なんこ ありますか。

1つ5〔10てん〕

しき

こたえ (　　　　　)

4 たしざん(4)

 たしざんを しましょう。

1つ6〔90てん〕

① 3+1　　② 3+7　　③ 4+4

④ 6+2　　⑤ 1+9　　⑥ 3+2

⑦ 2+2　　⑧ 1+7　　⑨ 5+1

⑩ 7+2　　⑪ 4+2　　⑫ 5+5

⑬ 8+1　　⑭ 6+4　　⑮ 5+3

とんぼが 4ひき います。6ぴき とんで くると、ぜんぶで なんびきに なりますか。

1つ5〔10てん〕

しき

こたえ (　　　　　)

5 ひきざん⑴

じかん
20
ぷん

とくてん

/100てん

🐻 ひきざんを しましょう。

1つ6〔90てん〕

① 5－1　　② 7－3　　③ 9－2

④ 10－4　　⑤ 6－4　　⑥ 4－3

⑦ 9－1　　⑧ 8－3　　⑨ 10－5

⑩ 2－1　　⑪ 9－6　　⑫ 8－7

⑬ 7－4　　⑭ 10－9　　⑮ 3－2

🦁 くるまが 6だい とまって います。3だい でて
いきました。のこりは なんだいですか。

1つ5〔10てん〕

しき

こたえ (　　　　　)

6 ひきざん (2)

じかん
20
ぷん

🐨 ひきざんを　しましょう。

1つ6〔90てん〕

① 3−1　　　② 9−8　　　③ 8−1

④ 9−5　　　⑤ 7−6　　　⑥ 10−2

⑦ 10−6　　⑧ 4−2　　　⑨ 5−4

⑩ 6−3　　　⑪ 7−1　　　⑫ 8−5

⑬ 8−2　　　⑭ 9−4　　　⑮ 10−8

🐻 あめが　7こ　あります。4こ　たべました。
のこりは　なんこですか。

1つ5〔10てん〕

しき

こたえ（　　　　　）

7 ひきざん (3)

とくてん

/100てん

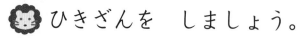
ひきざんを しましょう。

1つ6〔90てん〕

① 4－1

② 9－7

③ 10－1

④ 7－5

⑤ 6－2

⑥ 8－4

⑦ 10－3

⑧ 5－2

⑨ 6－5

⑩ 7－2

⑪ 6－1

⑫ 5－3

⑬ 8－2

⑭ 10－7

⑮ 2－1

しろい うさぎが 9ひき、くろい うさぎが
6ぴき います。しろい うさぎは なんびき
おおいですか。

1つ5〔10てん〕

しき

こたえ (　　　　　)

8 ひきざん ⑷

🐻 ひきざんを しましょう。

1つ6〔90てん〕

① 7−1　　② 5−4　　③ 9−6

④ 10−2　　⑤ 8−7　　⑥ 7−4

⑦ 10−4　　⑧ 8−2　　⑨ 9−8

⑩ 10−5　　⑪ 7−5　　⑫ 3−2

⑬ 8−5　　⑭ 10−8　　⑮ 9−2

🦔 わたあめが 7こ、ちょこばななが 3こ あります。
ちがいは なんこですか。

1つ5〔10てん〕

しき

こたえ（　　　　　）

9 おおきい　かずの　けいさん (1)

じかん 20ぷん

とくてん

/100てん

🐨 けいさんを　しましょう。

1つ6〔90てん〕

① 10+4　　② 10+2　　③ 10+8

④ 10+1　　⑤ 10+7　　⑥ 10+9

⑦ 10+6　　⑧ 13−3　　⑨ 15−5

⑩ 19−9　　⑪ 17−7　　⑫ 14−4

⑬ 11−1　　⑭ 18−8　　⑮ 16−6

🐻 えんぴつが　12ほん　あります。2ほん
けずりました。けずって　いない　えんぴつは、
なんぼんですか。

1つ5〔10てん〕

しき

こたえ (　　　　　)

 **10** おおきい　かずの　けいさん⑵

🦁 けいさんを　しましょう。　　　　　　1つ6〔90てん〕

① 13+2　　② 14+3　　③ 15+2

④ 13+6　　⑤ 15+1　　⑥ 11+6

⑦ 12+5　　⑧ 18−2　　⑨ 19−5

⑩ 17−3　　⑪ 15−4　　⑫ 16−3

⑬ 14−1　　⑭ 13−2　　⑮ 19−7

🐨 ちょこれえとが　はこに　12こ、ばらで　3こ
あります。あわせて　なんこ　ありますか。　　1つ5〔10てん〕

しき

こたえ（　　　　　）

11 3つの かずの けいさん (1)

🐻 けいさんを しましょう。　　　　　　　1つ10〔90てん〕

① 3+4+1

② 1+2+5

③ 2+3+4

④ 9+1+2

⑤ 6+4+5

⑥ 9−3−2

⑦ 7−2−1

⑧ 13−3−2

⑨ 16−6−5

🦁 あめが 12こ あります。2こ たべました。
いもうとに 2こ あげました。あめは、なんこ
のこって いますか。　　　　　　　　　1つ5〔10てん〕

しき

こたえ (　　　　　　)

12 3つの かずの けいさん(2)

とくてん

/100てん

🐨 けいさんを しましょう。

1つ10〔90てん〕

① 7−2+3

② 5−1+4

③ 8−4+5

④ 10−8+4

⑤ 10−6+3

⑥ 5+3−2

⑦ 2+3−1

⑧ 5+5−3

⑨ 1+9−5

🐻 りんごが 4こ あります。6こ もらいました。
3こ たべました。りんごは、なんこ のこって
いますか。

1つ5〔10てん〕

しき

こたえ（　　　　　）

13 たしざん (5)

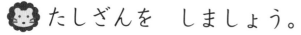 たしざんを しましょう。

1つ6〔90てん〕

① 9+3　　② 5+6　　③ 7+4

④ 6+5　　⑤ 8+5　　⑥ 3+9

⑦ 7+7　　⑧ 9+6　　⑨ 5+8

⑩ 2+9　　⑪ 8+3　　⑫ 6+7

⑬ 8+7　　⑭ 4+8　　⑮ 9+9

おすの らいおんが 8とう、めすの らいおんが 4とう います。らいおんは みんなで なんとう いますか。

1つ5〔10てん〕

しき

こたえ (　　　　　　)

14

14 たしざん (6)

🐻 たしざんを しましょう。

1つ6〔90てん〕

① 4+8　　② 7+5　　③ 6+8

④ 4+9　　⑤ 3+8　　⑥ 9+8

⑦ 9+2　　⑧ 6+7　　⑨ 6+9

⑩ 5+7　　⑪ 9+5　　⑫ 6+6

⑬ 8+6　　⑭ 7+8　　⑮ 7+9

🦁 はとが 7わ います。あとから 6わ とんで
きました。はとは あわせて なんわに なりましたか。

しき

1つ5〔10てん〕

こたえ (　　　　　　)

15 たしざん (7)

🐨 たしざんを しましょう。　　　　　　　　　　1つ6〔90てん〕

① 6+9　　② 5+6　　③ 3+8

④ 9+4　　⑤ 7+5　　⑥ 4+7

⑦ 8+8　　⑧ 5+9　　⑨ 7+8

⑩ 9+7　　⑪ 7+7　　⑫ 7+6

⑬ 2+9　　⑭ 6+7　　⑮ 8+9

🐻 きんぎょを 5ひき かって います。7ひき
もらいました。きんぎょは、ぜんぶで なんびきに
なりましたか。

1つ5〔10てん〕

しき

こたえ (　　　　　)

16 たしざん(8)

じかん **20** ぷん

とくてん

/100てん

🦁 たしざんを しましょう。

1つ6〔90てん〕

① 5+8　　　② 8+7　　　③ 9+9

④ 6+6　　　⑤ 3+9　　　⑥ 8+4

⑦ 7+9　　　⑧ 4+8　　　⑨ 4+9

⑩ 9+3　　　⑪ 6+8　　　⑫ 6+5

⑬ 8+9　　　⑭ 5+7　　　⑮ 9+6

🐨 みかんが おおきい かごに 9こ、ちいさい
かごに 5こ あります。あわせて なんこですか。

1つ5〔10てん〕

しき

こたえ (　　　　　)

17 たしざん(9)

🐻 たしざんを しましょう。

1つ6〔90てん〕

① 9+5　　② 6+8　　③ 8+8

④ 5+7　　⑤ 9+2　　⑥ 4+8

⑦ 3+9　　⑧ 9+8　　⑨ 7+9

⑩ 9+4　　⑪ 8+3　　⑫ 6+9

⑬ 7+4　　⑭ 9+7　　⑮ 7+6

🦁 にわとりが きのう たまごを 5こ うみました。
きょうは 8こ うみました。あわせて なんこ
うみましたか。

1つ5〔10てん〕

しき

こたえ (　　　　　)

18 ひきざん (5)

じかん 20ぷん

ひきざんを しましょう。

1つ6〔90てん〕

① 11−4　　② 17−8　　③ 13−5

④ 16−7　　⑤ 14−6　　⑥ 11−2

⑦ 18−9　　⑧ 11−7　　⑨ 15−6

⑩ 14−5　　⑪ 13−9　　⑫ 12−6

⑬ 15−9　　⑭ 12−8　　⑮ 13−4

たまごが 12こ あります。けえきを つくるのに
7こ つかいました。たまごは、なんこ のこって
いますか。

1つ5〔10てん〕

しき

こたえ (　　　　　)

19 ひきざん (6)

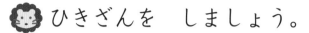ひきざんを しましょう。

1つ6〔90てん〕

① 17−9　　② 12−3　　③ 14−7

④ 11−6　　⑤ 16−8　　⑥ 12−4

⑦ 15−8　　⑧ 13−8　　⑨ 13−7

⑩ 14−9　　⑪ 14−8　　⑫ 12−5

⑬ 15−7　　⑭ 11−9　　⑮ 13−6

おかしが 13こ あります。4こ たべると、
のこりは なんこですか。

1つ5〔10てん〕

しき

こたえ (　　　　　　)

とくてん

じかん
20
ぷん

/100てん

20 ひきざん (7)

🐻 ひきざんを しましょう。

1つ6〔90てん〕

① 17−8　　② 14−6　　③ 13−9

④ 12−7　　⑤ 11−3　　⑥ 16−9

⑦ 18−9　　⑧ 14−5　　⑨ 15−6

⑩ 11−5　　⑪ 12−9　　⑫ 13−4

⑬ 15−9　　⑭ 11−8　　⑮ 16−7

🦁 おやの しまうまが 14とう、こどもの
しまうまが 9とう います。おやの しまうまは
なんとう おおいですか。

1つ5〔10てん〕

しき

こたえ (　　　　　　)

21 ひきざん (8)

とくてん

/100てん

 ひきざんを しましょう。

1つ6〔90てん〕

① 13−7　　② 11−8　　③ 12−5

④ 11−2　　⑤ 15−6　　⑥ 16−7

⑦ 12−8　　⑧ 13−6　　⑨ 11−4

⑩ 12−9　　⑪ 16−8　　⑫ 14−7

⑬ 11−5　　⑭ 14−9　　⑮ 12−4

はがきが 15まい、ふうとうが 7まい あります。
はがきは ふうとうより なんまい おおいですか。

しき

1つ5〔10てん〕

こたえ (　　　　　)

22 ひきざん (9)

🦁 ひきざんを しましょう。

1つ6〔90てん〕

① 11−7　　② 16−9　　③ 12−3

④ 14−5　　⑤ 12−7　　⑥ 11−9

⑦ 17−8　　⑧ 15−8　　⑨ 13−9

⑩ 12−6　　⑪ 17−9　　⑫ 11−6

⑬ 11−3　　⑭ 12−4　　⑮ 14−8

🐨 さつきさんは えんぴつを 13ぼん もって います。
おとうとに 5ほん あげると、なんぼん
のこりますか。

1つ5〔10てん〕

しき

こたえ (　　　　　　　)

23

23 おおきい　かずの　けいさん⑶

🐻 けいさんを　しましょう。

1つ6〔90てん〕

① 10+50　　② 20+30　　③ 50+40

④ 10+90　　⑤ 30+60　　⑥ 40+60

⑦ 20+80　　⑧ 40−10　　⑨ 60−20

⑩ 90−50　　⑪ 90−30　　⑫ 70−40

⑬ 100−30　　⑭ 100−50　　⑮ 100−80

🦔 いろがみが　80まい　あります。20まい
つかいました。のこりは　なんまいですか。

1つ5〔10てん〕

しき

こたえ（

24 おおきい　かずの　けいさん(4)

🐨 けいさんを　しましょう。

1つ6〔90てん〕

① 30＋7
② 60＋3
③ 40＋8

④ 54－4
⑤ 83－3
⑥ 76－6

⑦ 37－7
⑧ 94＋4
⑨ 55＋3

⑩ 43＋4
⑪ 32＋5
⑫ 98－3

⑬ 56－1
⑭ 47－4
⑮ 39－6

🐻 あかい　いろがみが　30まい、あおい　いろがみが
8まい　あります。いろがみは　あわせて　なんまい
ありますか。

1つ5〔10てん〕

しき

こたえ (　　　　　　　)

25 とけい (1)

じかん
20
ぷん

とくてん

/100てん

 とけいを よみましょう。

1つ10〔100てん〕

 ①

 ②

 ③

④

⑤

⑥

⑦

⑧

⑨

⑩

26 とけい(2)

 とけいを　よみましょう。

1つ10〔100てん〕

①

②

③

④

⑤

⑥

⑦

⑧

⑨

⑩

27 たしざんと ひきざんの ふくしゅう(1)

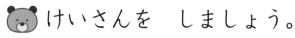 けいさんを しましょう。

1つ6〔90てん〕

① 8+6　　② 5+4　　③ 9+3

④ 7+5　　⑤ 4+8　　⑥ 6+6

⑦ 11−3　　⑧ 15−7　　⑨ 10−5

⑩ 9−6　　⑪ 13−8　　⑫ 14−6

⑬ 3+7−5　　⑭ 4−2+6　　⑮ 13−3−1

こどもが 7にん います。おとなが 6にん
います。あわせて なんにん いますか。

1つ5〔10てん〕

しき

こたえ (　　　　　)

28 たしざんと ひきざんの ふくしゅう⑵

🐨 けいさんを しましょう。　　　　　1つ6〔90てん〕

① 80+2　　② 70+9　　③ 40+3

④ 86−6　　⑤ 63−3　　⑥ 52−2

⑦ 100−30　　⑧ 100−50　　⑨ 100−90

⑩ 26+1　　⑪ 53+5　　⑫ 23+4

⑬ 57−3　　⑭ 68−5　　⑮ 77−4

🐻 みかんを 12こ かいました。りんごは
みかんより 3こ すくなく かいました。りんごは
なんこ かいましたか。　　　　　1つ5〔10てん〕

しき

こたえ (　　　　)

29

こたえ

1 ❶ 5 ❷ 7 ❸ 3
❹ 9 ❺ 10 ❻ 9
❼ 10 ❽ 10 ❾ 8
❿ 9 ⓫ 10 ⓬ 8
⓭ 10 ⓮ 9 ⓯ 10
しき 5＋2＝7　　　　　こたえ 7 こ

2 ❶ 7 ❷ 4 ❸ 10
❹ 8 ❺ 10 ❻ 9
❼ 6 ❽ 4 ❾ 9
❿ 8 ⓫ 9 ⓬ 6
⓭ 6 ⓮ 10 ⓯ 7
しき 6＋4＝10　　　　こたえ 10 にん

3 ❶ 5 ❷ 6 ❸ 8
❹ 5 ❺ 6 ❻ 9
❼ 8 ❽ 7 ❾ 10
❿ 4 ⓫ 7 ⓬ 10
⓭ 7 ⓮ 9 ⓯ 8
しき 4＋5＝9　　　　　こたえ 9 こ

4 ❶ 4 ❷ 10 ❸ 8
❹ 8 ❺ 10 ❻ 5
❼ 4 ❽ 8 ❾ 6
❿ 9 ⓫ 6 ⓬ 10
⓭ 9 ⓮ 10 ⓯ 8
しき 4＋6＝10　　　　こたえ 10 ぴき

5 ❶ 4 ❷ 4 ❸ 7
❹ 6 ❺ 2 ❻ 1
❼ 8 ❽ 5 ❾ 5
❿ 1 ⓫ 3 ⓬ 1
⓭ 3 ⓮ 1 ⓯ 1
しき 6－3＝3　　　　　こたえ 3 だい

6 ❶ 2 ❷ 1 ❸ 7
❹ 4 ❺ 1 ❻ 8
❼ 4 ❽ 2 ❾ 1
❿ 3 ⓫ 6 ⓬ 3
⓭ 6 ⓮ 5 ⓯ 2
しき 7－4＝3　　　　　こたえ 3 こ

7 ❶ 3 ❷ 2 ❸ 9
❹ 2 ❺ 4 ❻ 4
❼ 7 ❽ 3 ❾ 1
❿ 5 ⓫ 5 ⓬ 2
⓭ 6 ⓮ 3 ⓯ 1
しき 9－6＝3　　　　　こたえ 3 びき

8 ❶ 6 ❷ 1 ❸ 3
❹ 8 ❺ 1 ❻ 3
❼ 6 ❽ 6 ❾ 1
❿ 5 ⓫ 2 ⓬ 1
⓭ 3 ⓮ 2 ⓯ 7
しき 7－3＝4　　　　　こたえ 4 こ

9 ❶ 14 ❷ 12 ❸ 18
❹ 11 ❺ 17 ❻ 19
❼ 16 ❽ 10 ❾ 10
❿ 10 ⓫ 10 ⓬ 10
⓭ 10 ⓮ 10 ⓯ 10
しき 12－2＝10　　　　こたえ 10 ぽん

10 ❶ 15 ❷ 17 ❸ 17
❹ 19 ❺ 16 ❻ 17
❼ 17 ❽ 16 ❾ 14
❿ 14 ⓫ 11 ⓬ 13
⓭ 13 ⓮ 11 ⓯ 12
しき 12＋3＝15　　　　こたえ 15 こ

11 ❶ 8 ❷ 8
❸ 9 ❹ 12
❺ 15 ❻ 4
❼ 4 ❽ 8
❾ 5
しき 12−2−2＝8   こたえ 8 こ

12 ❶ 8 ❷ 8
❸ 9 ❹ 6
❺ 7 ❻ 6
❼ 4 ❽ 7
❾ 5
しき 4＋6−3＝7   こたえ 7 こ

13 ❶ 12 ❷ 11 ❸ 11
❹ 11 ❺ 13 ❻ 12
❼ 14 ❽ 15 ❾ 13
❿ 11 ⓫ 11 ⓬ 13
⓭ 15 ⓮ 12 ⓯ 18
しき 8＋4＝12   こたえ 12 とう

14 ❶ 12 ❷ 12 ❸ 14
❹ 13 ❺ 11 ❻ 17
❼ 11 ❽ 13 ❾ 15
❿ 12 ⓫ 14 ⓬ 12
⓭ 14 ⓮ 15 ⓯ 16
しき 7＋6＝13   こたえ 13 わ

15 ❶ 15 ❷ 11 ❸ 11
❹ 13 ❺ 12 ❻ 11
❼ 16 ❽ 14 ❾ 15
❿ 16 ⓫ 14 ⓬ 13
⓭ 11 ⓮ 13 ⓯ 17
しき 5＋7＝12   こたえ 12 ひき

16 ❶ 13 ❷ 15 ❸ 18
❹ 12 ❺ 12 ❻ 12
❼ 16 ❽ 12 ❾ 13
❿ 12 ⓫ 14 ⓬ 11
⓭ 17 ⓮ 12 ⓯ 15
しき 9＋5＝14   こたえ 14 こ

17 ❶ 14 ❷ 14 ❸ 16
❹ 12 ❺ 11 ❻ 12
❼ 12 ❽ 17 ❾ 16
❿ 13 ⓫ 11 ⓬ 15
⓭ 11 ⓮ 16 ⓯ 13
しき 5＋8＝13   こたえ 13 こ

18 ❶ 7 ❷ 9 ❸ 8
❹ 9 ❺ 8 ❻ 9
❼ 9 ❽ 4 ❾ 9
❿ 9 ⓫ 4 ⓬ 6
⓭ 6 ⓮ 4 ⓯ 9
しき 12−7＝5   こたえ 5 こ

19 ❶ 8 ❷ 9 ❸ 7
❹ 5 ❺ 8 ❻ 8
❼ 7 ❽ 5 ❾ 6
❿ 5 ⓫ 6 ⓬ 7
⓭ 8 ⓮ 2 ⓯ 7
しき 13−4＝9   こたえ 9 こ

20 ❶ 9 ❷ 8 ❸ 4
❹ 5 ❺ 8 ❻ 7
❼ 9 ❽ 9 ❾ 9
❿ 6 ⓫ 3 ⓬ 9
⓭ 6 ⓮ 3 ⓯ 9
しき 14−9＝5   こたえ 5 とう

21 ❶ 6　❷ 3　❸ 7
❹ 9　❺ 9　❻ 9
❼ 4　❽ 7　❾ 7
❿ 3　⓫ 8　⓬ 7
⓭ 6　⓮ 5　⓯ 8
しき 15−7＝8　　　こたえ 8 まい

22 ❶ 4　❷ 7　❸ 9
❹ 9　❺ 5　❻ 2
❼ 9　❽ 7　❾ 4
❿ 6　⓫ 8　⓬ 5
⓭ 8　⓮ 8　⓯ 6
しき 13−5＝8　　　こたえ 8 ほん

23 ❶ 60　❷ 50　❸ 90
❹ 100　❺ 90　❻ 100
❼ 100　❽ 30　❾ 40
❿ 40　⓫ 60　⓬ 30
⓭ 70　⓮ 50　⓯ 20
しき 80−20＝60　　　こたえ 60 まい

24 ❶ 37　❷ 63　❸ 48
❹ 50　❺ 80　❻ 70
❼ 30　❽ 98　❾ 58
❿ 47　⓫ 37　⓬ 95
⓭ 55　⓮ 43　⓯ 33
しき 30＋8＝38　　　こたえ 38 まい

25 ❶ 3 じ　❷ 4 じ
❸ 2 じはん（2 じ 30 ぷん）　❹ 1 じ
❺ 11 じはん（11 じ 30 ぷん）❻ 10 じ
❼ 6 じ　❽ 9 じはん（9 じ 30 ぷん）
❾ 8 じ　❿ 5 じはん（5 じ 30 ぷん）

26 ❶ 6 じ 10 ぷん　❷ 4 じ 45 ふん
❸ 1 じ 12 ふん　❹ 8 じ 55 ふん
❺ 10 じ 20 ぷん　❻ 2 じ 35 ふん
❼ 11 じ 32 ふん　❽ 7 じ 50 ぷん
❾ 3 じ 3 ぷん　❿ 9 じ 24 ふん

27 ❶ 14　❷ 9　❸ 12
❹ 12　❺ 12　❻ 12
❼ 8　❽ 8　❾ 5
❿ 3　⓫ 5　⓬ 8
⓭ 5　⓮ 8　⓯ 9
しき 7＋6＝13　　　こたえ 13 にん

28 ❶ 82　❷ 79　❸ 43
❹ 80　❺ 60　❻ 50
❼ 70　❽ 50　❾ 10
❿ 27　⓫ 58　⓬ 27
⓭ 54　⓮ 63　⓯ 73
しき 12−3＝9　　　こたえ 9 こ

「小学教科書ワーク・
数と計算」で、
さらに　れんしゅうしよう！

教科書ワーク **もくじ**

学校図書版 **さんすう1ねん**

▶動画 コードを読みとって、下の番号の動画を見てみよう。

＊がついている動画は、一部他の単元の内容を含みます。

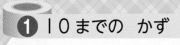
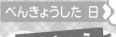
もくひょう
5までの かずの
かぞえかた、よみかた、
かきかたを しろう。

おわったら
シールを
はろう

10までの かず ［その1］

きほんのワーク

きょうかしょ ⒂ 6〜13ページ　｜　こたえ 1 ページ

きほん 1 1から 5までの かずが わかりますか。

☆ かずだけ ○に いろを ぬり、▦に すうじを
かきましょう。

❶	🧽	○○○○○	いち	1
❷	✏️✏️	○○○○○	に	2
❸	✂️✂️✂️	○○○○○	さん	3
❹	🖍️🖍️🖍️🖍️	○○○○○	し（よん）	4
❺	のりのりのりのりのり	○○○○○	ご	5

1 かずが おなじ ものを ── で むすびましょう。

きょうかしょ 6〜13ページ

1	3	4	5	2

さんすうはかせ ものを かぞえる ときは しるしを つけて おこう。そうすると おなじ ものを
なんかいも かぞえたり、かぞえわすれたり することが なくなるよ。

きほん **2** 1から 5までの かずが かけますか。

☆ かずだけ ☐ に いろを ぬり、⊞ に すうじを かきましょう。

①
②
③
④
⑤

1から 5までの かずが わかったかな。

2 どうぶつの かずを かきましょう。　　　📖 きょうかしょ 6〜13ページ

①　　　　　　②　　　　　　③

④　　　　　　⑤　　　　　　⑥

おうちのかたへ　5までの数の数え方、読み方、書き方を練習します。また数字と物の数を対応させる練習を行います。色ぬりで筆圧を高めるねらいもあります。ゆっくりと取り組みましょう。

3

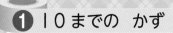

もくひょう
10までの　かずの　かぞえかた、よみかた、かきかたを　しろう。

おわったら
シールを
はろう

10までの　かず [その2]

きほんのワーク

きょうかしょ　⊕ 14〜19ページ　　こたえ　1ページ

きほん 1 6から　10までの　かずが　わかりますか。

☆　かずだけ　◯に　いろを　ぬり、⊞に　すうじを
　かきましょう。

① 　ろく　6

② 　しち（なな）　7

③ 　はち　8

④ 　く（きゅう）　9

⑤ 　じゅう　10

1 かずが　おなじ　ものを　──で　むすびましょう。

📖 きょうかしょ　14〜19ページ

6　　9　　7　　10　　8

 10までの　かずの　ならびかたを　おぼえよう。ちいさいじゅんに　いえたら、こんどは　10、9、8、7、…1と　おおきいじゅんに　いって　みよう。

きほん 2 6から 10までの かずが かけますか。

☆ かずだけ ▢ に いろを ぬり、⊞ に すうじを かきましょう。

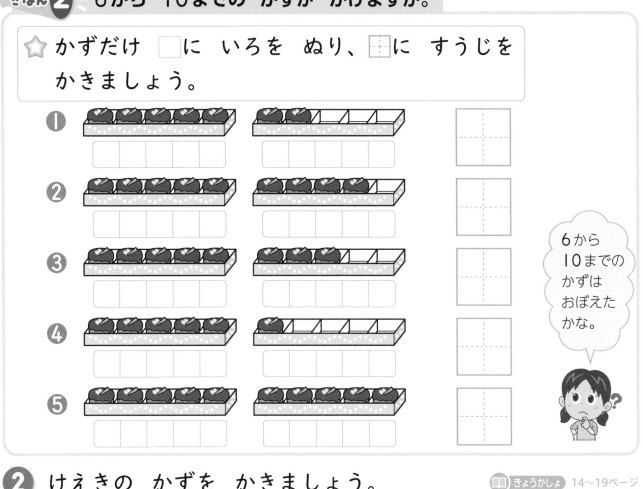

① ② ③ ④ ⑤

6から 10までの かずは おぼえた かな。

2 けえきの かずを かきましょう。 📖 きょうかしょ 14〜19ページ

① ② ③

④ ⑤ ⑥

3 よみかたに あう すうじを かきましょう。 📖 きょうかしょ 15・17ページ

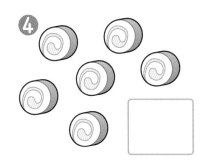 ① しち
（なな）

 ② はち

 ③ ろく

おうちのかたへ 10までの数の数え方、読み方、書き方を練習します。また数字と物の数を対応させる練習も行います。声に出して数を数えたり、数字を書く練習を見守ってあげてください。

5

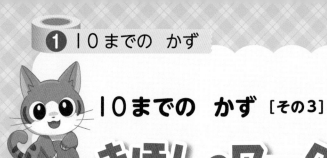

10までの かず [その3]

もくひょう
0と いう かず、
10までの かずの
ならびかたを しろう。

おわったら
シールを
はろう

きほんのワーク

きょうかしょ ⊕ 20～23ページ　こたえ 2ページ

きほん 1 0と いう かずが わかりますか。

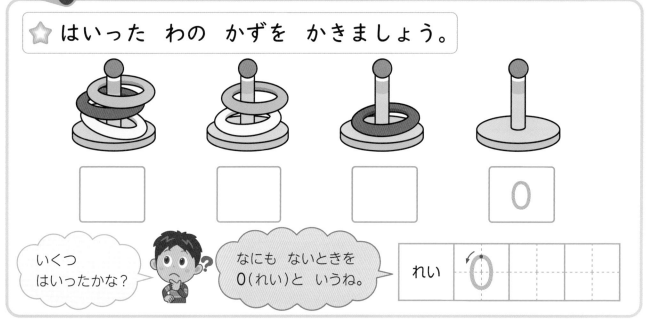

★ はいった わの かずを かきましょう。

| | | | 0 |

いくつ
はいったかな？

なにも ないときを
0（れい）と いうね。

| れい | 0 | | | |

1 すずめの かずを かきましょう。
きょうかしょ 20ページ

❶　　❷　　❸ いなく なった。　　❹

2 りんごの かずを かきましょう。
きょうかしょ 20ページ

❶　　❷　　❸　　❹

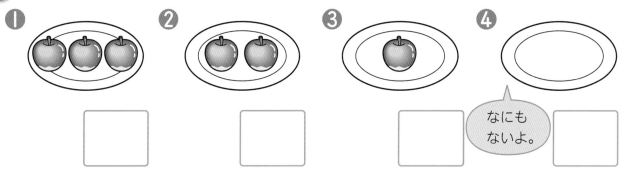

なにも ないよ。

さんすうはかせ 0の ことを 「れい」の ほかに 「ぜろ」と よむ ことも ある。
えいごや ふらんすごでも 「ぜろ」と いうんだって。おもしろいね。

☆ □に かずを かきましょう。

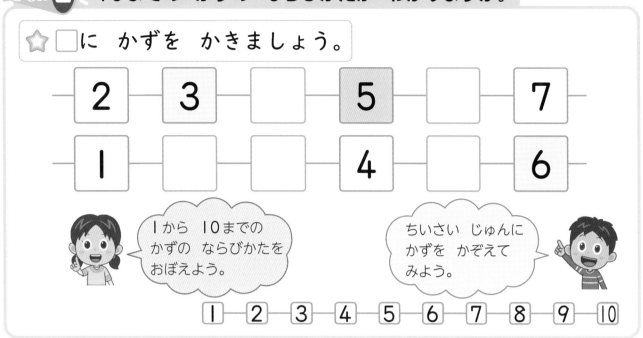

③ かずの おおきい ほうに ○を つけましょう。

📖 きょうかしょ 21〜23ページ

① ( )
( )

② ( )
4 ( )

③ ( )
7 ( )

④ 5 ( )
9 ( )

⑤ 10 ( )
8 ( )

⑥ 3 ( )
6 ( )

れんしゅうのワーク

きょうかしょ ⊕ 6〜23ページ　こたえ 2 ページ

できた かず　　／16もん 中

おわったら シールを はろう

1 10までの かず　かずが おなじ ものを ── で むすびましょう。

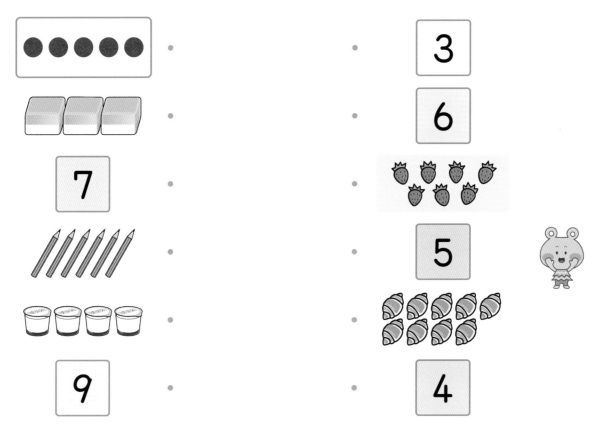

2 かずの ならびかた　□に かずを かきましょう。

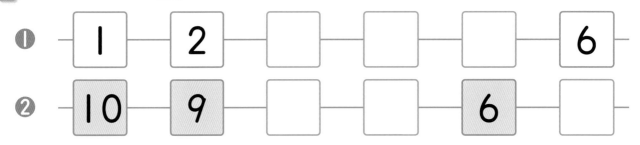

❶ 1　2　□　□　□　6

❷ 10　9　□　□　6　□

3 0と いう かず　かびんの はなの かずを かきましょう。

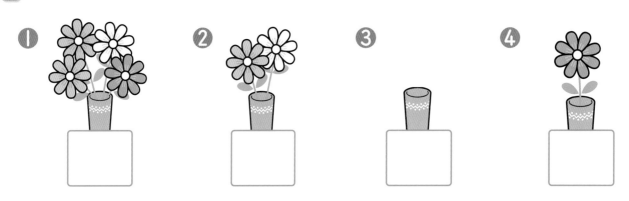

❶　❷　❸　❹

できる ナビ　10までの かずが ただしく いえるかな？ 10、9、8、7、…のように おおきな かずからも いって みよう。

まとめのテスト

きょうしょ　上 6〜23ページ　　こたえ　2ページ

じかん 20 ぷん

とくてん　　/100てん

おわったら シールを はろう

1 かずを すうじで かきましょう。

1つ10〔30てん〕

くま 　　うさぎ 　　ねこ

2 かずの おおきい ほうに ○を かきましょう。

1つ10〔20てん〕

① 　　② 10　6

3 よくでる □に かずを かきましょう。

1つ10〔20てん〕

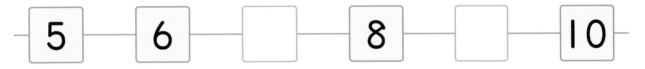
5　6　　　8　　　10

4 かえるの かずを すうじで かきましょう。

1つ10〔30てん〕

　　　　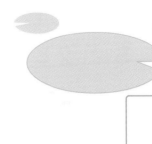

 チェック ✓
□ 10までの かずを かぞえることが できたかな？
□ 0という かずの いみが わかったかな？

9

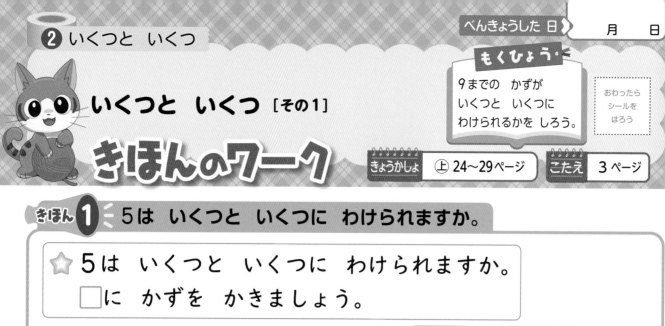

もくひょう

9までの かずが
いくつと いくつに
わけられるかを しろう。

おわったら
シールを
はろう

いくつと いくつ [その1]

きほんのワーク

きょうかしょ　上 24〜29ページ　こたえ　3 ページ

きほん **1** 　5は いくつと いくつに わけられますか。

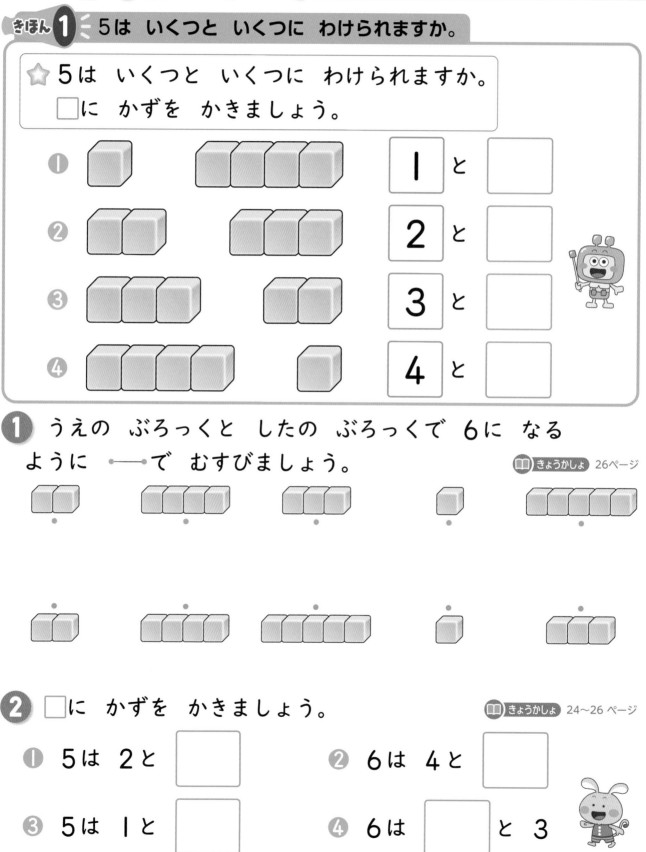

☆ 5は いくつと いくつに わけられますか。
　□に かずを かきましょう。

① 1 と □
② 2 と □
③ 3 と □
④ 4 と □

1 うえの ぶろっくと したの ぶろっくで 6に なる
ように ──で むすびましょう。

きょうかしょ 26ページ

2 □に かずを かきましょう。

きょうかしょ 24〜26 ページ

① 5は 2と □
② 6は 4と □
③ 5は 1と □
④ 6は □ と 3

　「5は 2と いくつかな?」のように ふたりで かずあてげえむを して みよう。
いろいろな かずで やって みてね。

⭐ 7は いくつと いくつに わけられますか。
□に かずを かきましょう。

1	2	3	4	5	6

---

3 8は いくつと いくつに わけられますか。
□に かずを かきましょう。　📖きょうかしょ 28ページ

① 1 と ☐

② 2 と ☐　　③ 3 と ☐

④ 4 と ☐　　⑤ 5 と ☐

⑥ 6 と ☐　　⑦ 7 と ☐

---

4 9に なるように ── で むすびましょう。　📖きょうかしょ 29ページ

1	3	6	7	8	2	5	4

6	8	2	3	1	4	5	7

 6という数を 1と5を合わせた数と見るような場合を合成、逆に6を1と5に分けて見るような場合を分解といいます。加法・減法の計算のもとになる大切な考え方です。

いくつと いくつ [その2]

もくひょう
10は いくつと いくつに わけられるかを しろう。

おわったら シールを はろう

きほんのワーク

きょうかしょ ⊕ 30〜31ページ　　こたえ 3 ページ

きほん 1 　10は いくつと いくつに わけられますか。

☆ 10は いくつと いくつですか。10に なるように ○に いろを ぬりましょう。

① ●●○○○ / ○○○○○ と ○○○○○ / ○○○○○

② ●●●●● / ●●○○○ と ○○○○○ / ○○○○○

③ ●●●●● / ○○○○○ と ○○○○○ / ○○○○○

④ ●●●●○ / ○○○○○ と ○○○○○ / ○○○○○

1 　10は いくつと いくつですか。
□に かずを かきましょう。

📖 きょうかしょ 30ページ

① 7と [　]　　② 2と [　]　　③ 4と [　]

④ 1と [　]　　⑤ 5と [　]　　⑥ 8と [　]

⑦ 6と [　]　　⑧ 9と [　]　　⑨ 3と [　]

2 　◻ が 10こ あります。かくれて いる かずは
いくつですか。

📖 きょうかしょ 30ページ

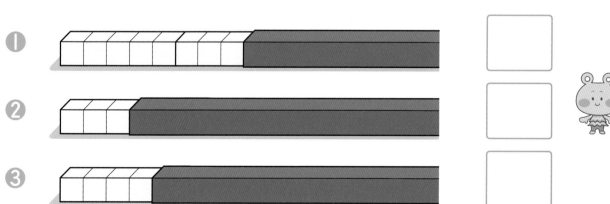

① [　]

② [　]

③ [　]

おうちのかたへ　10までの数の合成・分解は、これからの算数の学習の基礎となります。計算の基本をしっかりさせるために、十分に練習しましょう。

まとめのテスト

きょうかしょ ⏫24〜31ページ　こたえ 3ページ

じかん 20ぷん

とくてん　/100てん

おわったらシールをはろう

1 よくでる いくつと いくつですか。

□に かずを かきましょう。

1つ10〔40てん〕

① 7は 2と □

○○○○○○○

② 8は 3と □

○○○○○○○○

③ 6は 4と □

○○○○○○

④ 9は 5と □

○○○○○○○○○

2 ── で むすんで 10に しましょう。

1つ6〔30てん〕

4　5　9　2　7

5　6　8　3　1

3 🚃が 10りょう あります。

とんねるに はいっているのは なんりょうですか。

1つ10〔30てん〕

① □ りょう

② □ りょう

③ □ りょう

 □ かずを いくつと いくつに わけることが できたかな？
□ 10までの かずの おおきさが わかったかな？

13

なんばんめかな

もくひょう
まえから 4にんと
まえから 4にんめの
ちがいを しろう。

おわったら
シールを
はろう

きほんのワーク

きょうかしょ ⊕32〜35ページ　　こたえ 4ページ

きほん 1 4にんと 4にんめの ちがいが わかりますか。

☆ ◯で かこみましょう。

① まえから 4にん。

まえ　　　　　　　　　　　　うしろ

② まえから 4にんめ。

まえ　　　　　　　　　　　　うしろ

③ うしろから 5にんめ。

まえ　　　　　　　　　　　　うしろ

4にんと
4にんめは
いみが
ちがうんだね。

1 いろを ぬりましょう。

きょうかしょ 33ページ❶

① まえから 3だい。

まえ    うしろ

② まえから 3だいめ。

まえ    うしろ

③ うしろから 4だい。

まえ    うしろ

④ うしろから 4だいめ。

まえ    うしろ

さんすうはかせ　まえから なんばんめと いう ときの まえは、かおが むいている ほうだよ。
かけっこで はしって いく ほうが まえだ。その はんたいが うしろに なるよ。

☆ えを みて、こたえましょう。

❶ とけいは、じかんわりの (うえ・した) に あります。

↳ ○で かこみましょう。

❷ りくさんの せきは みぎから [　　] ばんめです。

2 うえの えを みて、□に かずや ことばを かきましょう。

📖 きょうかしょ 35ページ 2

❶ れなさんの せきは、ひだりから [　　] ばんめです。

❷ まみさんの せきは、みぎから [　　] ばんめ、

まえから [　　] ばんめです。

❸ けんとさんの せきは、ひだりから [　　] ばんめ、

まえから [　　] ばんめです。

チャレンジ! ❹ とけいの [　　] に じかんわりが あります。

おうちのかたへ　集合の要素の個数を表す集合数と、順番を表す順序数の違いを取り上げます。場所の言い表し方についても学習します。

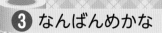

れんしゅうのワーク

きょうかしょ　上 32〜35ページ　　こたえ　4ページ

できた かず

／8もん 中

おわったら
シールを
はろう

1 ○で かこもう　こたえを ○で かこみましょう。

❶ うえから 2ひきめの ちょう

❷ したから 2ひきの

❸ みぎから 5つめの はな

❹ ひだりから 4つの

うえ

した

ひだり  みぎ

2 まえと うしろ　えを みて こたえましょう。

まえ  うしろ

はると　　みお

❶ みお さんの まえには 　　　　 にん います。

❷ みお さんは まえから 　　　　 にんめです。

❸ はると さんの うしろには 　　　　 にん います。

❹ はると さんは うしろから 　　　　 にんめです。

16　できる ナビ　うえから 2ひきと うえから 2ひきめは いみが ちがうよ。ちゅういしようね。

まとめのテスト

きょうかしょ （上）32〜35ページ　　こたえ　4 ページ

じかん **20** ぷん

とくてん

／100てん

おわったら
シールを
はろう

1 よくでる なんにんめですか。

1 つ15〔30てん〕

まえ　りく　れな　けんと　まみ　そうた　みづき　うしろ

❶ けんとさんは　まえから　☐　にんめです。

❷ れなさんは　うしろから　☐　にんめです。

2 みぎから　3こめに　いろを　ぬりましょう。

〔15てん〕

ひだり みぎ

3 ひだりから　4こに　いろを　ぬりましょう。

〔15てん〕

ひだり  みぎ

4 なんばんめですか。

1 つ20〔40てん〕

うえ

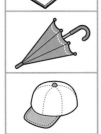

した

❶ ぼうしは　うえから

☐　ばんめです。

❷ かさは　したから

☐　ばんめです。

 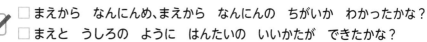
□ まえから　なんにんめ、まえから　なんにんの　ちがいか　わかったかな？
□ まえと　うしろの　ように　はんたいの　いいかたが　できたかな？

17

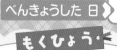

① あわせて いくつ

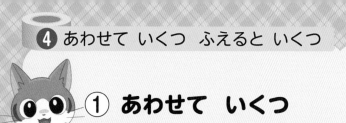

きほんのワーク

もくひょう
あわせて いくつに
なるかを
かんがえよう。

おわったら
シールを
はろう

きょうかしょ　　上 36〜42ページ

こたえ　　4 ページ

きほん❶　あわせて いくつに なるか わかりますか。

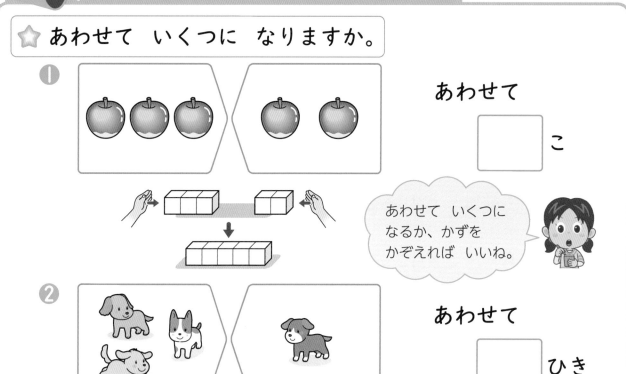

☆ あわせて いくつに なりますか。

❶ あわせて □ こ

あわせて いくつに
なるか、かずを
かぞえれば いいね。

❷ あわせて □ ひき

❶ あわせて いくつに なりますか。

📖 きょうかしょ　37ページ❶

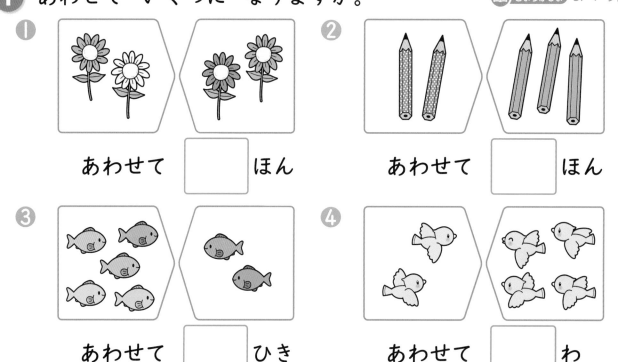

❶ あわせて □ ほん

❷ あわせて □ ほん

❸ あわせて □ ひき

❹ あわせて □ わ

さんすうはかせ　たしざんでは 「＋」の きごうを つかうよね。「たす」と よむ 「＋」の きごうは、
「〜と 〜を あわせる」の 「と」と いう いみなんだって。

⭐ あわせて いくつに なりますか。しきと こたえを かきましょう。

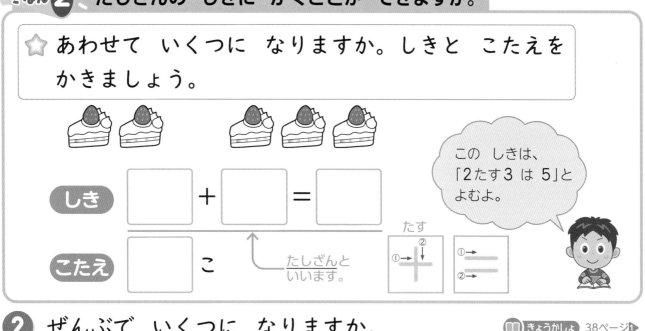

しき 　□ ＋ □ ＝ □

こたえ □ こ

たしざんと いいます。

この しきは、 「2たす3 は 5」と よむよ。

---

2 ぜんぶで いくつに なりますか。

📖 きょうかしょ 38ページ ①

①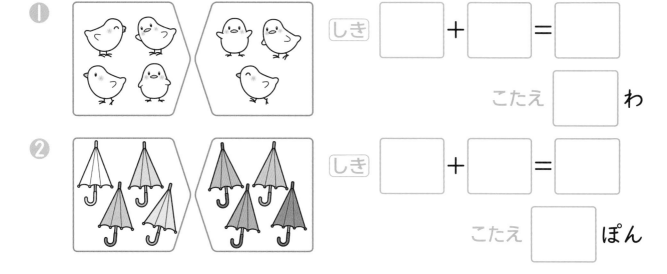

しき □ ＋ □ ＝ □

こたえ □ わ

②

しき □ ＋ □ ＝ □

こたえ □ ぽん

---

3 あわせて なんびきに なりますか。

📖 きょうかしょ 39〜42ページ

①

しき [　　　　]

たしざんの しきに かこう。

こたえ □ ひき

②

しき [　　　　]

こたえ □ ひき

おうちのかたへ 　2つの和が10までのたし算です。「合わせて」の意味を理解します。理解が難しい場合には、おはじきやみかんなど、具体物を動かしながら考えましょう。

もくひょう
ふえると いくつに
なるかを
かんがえよう。

おわったら
シールを
はろう

② **ふえると いくつ**

きほんのワーク

きょうかしょ ㊤ 43〜50ページ　　こたえ 5 ページ

きほん **1** ふえると いくつに なるか わかりますか。

☆ ふえると いくつに なりますか。

❶ 　　　　　　　　　　　　　　　　　　　いれると

□ びき

あとから いくつか
ふえると、いくつに
なるかを きいて いるね。

❷ 　　　　　　　　　　　　　　　　　　　ふえると

□ わ

1 ふえると いくつに なりますか。

📖 きょうかしょ 43ページ❶

❶
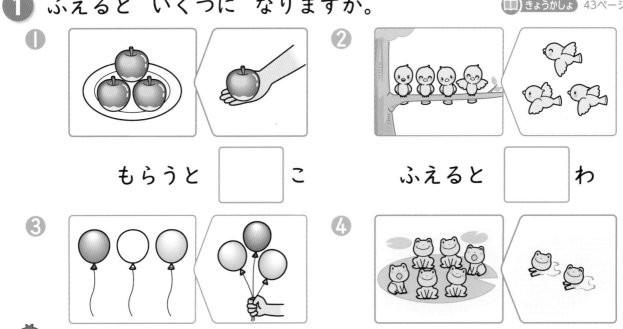
もらうと □ こ

❷
ふえると □ わ

❸
もらうと □ こ

❹
ふえると □ ぴき

さんすうはかせ

「えんぴつが 3ぼん あります。1ぽん もらうと、ぜんぶで 4ほん。」の
ように、たしざんの おはなしを たくさん つくってみよう。

☆ くるまが 3だい とまっています。2だい
くると、なんだいに なりますか。

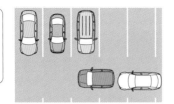

しき [　] ＋ [　] ＝ [　]

こたえ [　] だい

ふえるときにも
たしざんの しきに
あらわせるんだね。

2 おはなしを しきに かいて こたえを かきましょう。

① ねこが 4ひき います。

きょうかしょ 46ページ 3

5ひき くると、みんなで
なんびきに なりますか。

しき [　] ＝ [　]　　こたえ [　] ひき

② けえきが 7こ あります。

3こ もらうと、なんこに なりますか。

しき [　] ＝ [　]　　こたえ [　] こ

3 たしざんを しましょう。

きょうかしょ 45〜49ページ

① 2＋1＝ [　]　　② 4＋1＝ [　]

③ 4＋2＝ [　]　　④ 5＋3＝ [　]

⑤ 1＋9＝ [　]　　⑥ 3＋3＝ [　]

4 こたえが 6に なる かあどに ○を つけましょう。

きょうかしょ 50ページ

| 5＋2 | 4＋2 | 3＋3 | 3＋4 |

おうちのかたへ　「あわせて」と「ふえると」の意味の違いを理解しているかどうか確認しましょう。具体物を
使った操作では、「ふえると」はあとからいくつかをつけたすことになります。

21

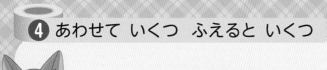
③ 0の たしざん

きほんのワーク

もくひょう
0の たしざんを
しろう。

おわったら
シールを
はろう

きょうかしょ　上 51ページ　　こたえ　5 ページ

きほん **1**　0の たしざんの いみが わかりますか。

☆ たまいれを 2かい しました。1かいめと 2かいめに
はいった たまの かずを あわせましょう。

❶  2+1= ☐

❷ 3+ ☐ = ☐

1こも はいらなかった
ときには 0を
かくんだね。

0は 1つも
ないと いう
いみだよ。

1 まみさんが いれた かずは、0+2の しきに なります。
たまは どのように はいりましたか。かごの なかに ●を
かいて あらわしましょう。

きょうかしょ 51ページ

 0+2= ☐

こたえを
かこう。

まみ

2 たまは どのように はいりましたか。かごの なかに
●を かいて あらわしましょう。

きょうかしょ 51ページ

① 2+0　　　　　② 0+0

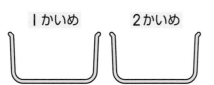　　　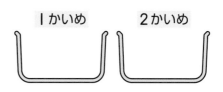

おうちのかたへ　0のたし算の意味を考えます。0にたしたり、0をたしたりすることのイメージがつかみに
くいお子さんが多いので、具体物を使ってみましょう。

まとめのテスト

きょうかしょ 上 36～53ページ　こたえ 5ページ

1 よくでる たしざんを しましょう。

1つ5〔50てん〕

① 3＋4＝ □

② 1＋8＝ □

③ 4＋2＝ □

④ 6＋4＝ □

⑤ 5＋5＝ □

⑥ 3＋6＝ □

⑦ 7＋2＝ □

⑧ 2＋8＝ □

⑨ 9＋0＝ □

⑩ 0＋0＝ □

2 よくでる こたえが 7に なる かあどに ○を つけましょう。

〔10てん〕

3＋3　　2＋5　　4＋2　　1＋6

3 いちごけえきが 4こ あります。ちょこれえとけえきが 3こ あります。けえきは あわせて なんこに なりますか。

1つ10〔20てん〕

しき □

こたえ □ こ

4 くるまが 6だい とまっています。3だい くると、ぜんぶで なんだいに なりますか。

1つ10〔20てん〕

しき □

こたえ □ だい

ふろくの「計算れんしゅうノート」2～5ページを やろう!

 チェック ☑ □たしざんの いみが わかったかな?
□たしざんの しきに かくことが できたかな?

もくひょう
のこりは いくつに
なるかを
かんがえよう。

① のこりは いくつ ［その1］

きほんのワーク

おわったら
シールを
はろう

きょうかしょ ④ 54〜59ページ　　こたえ 5 ページ

きほん① のこりは いくつに なるか わかりますか。

☆ のこりは いくつに なりますか。

①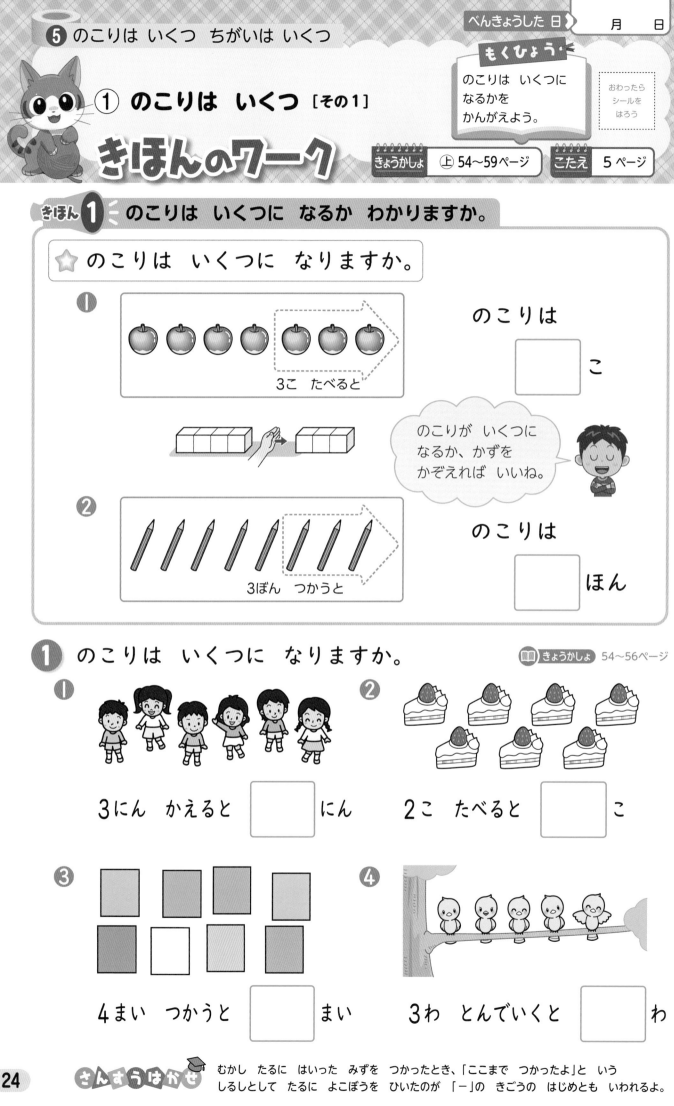

3こ たべると

のこりは
□ こ

のこりが いくつに
なるか、かずを
かぞえれば いいね。

② 3ぼん つかうと

のこりは
□ ほん

① のこりは いくつに なりますか。

📖 きょうかしょ 54〜56ページ

①
3にん かえると □ にん

②
2こ たべると □ こ

③
4まい つかうと □ まい

④
3わ とんでいくと □ わ

さんすうはかせ　むかし たるに はいった みずを つかったとき、「ここまで つかったよ」と いう
しるしとして たるに よこぼうを ひいたのが 「−」の きごうの はじめとも いわれるよ。

☆ くるまが 5だい とまっていました。2だい でて
いきました。のこりは なんだいに なりましたか。

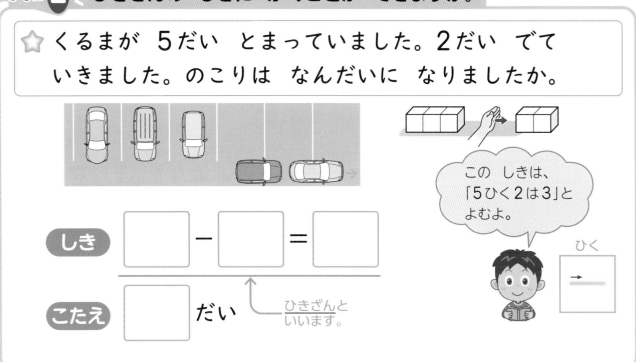

この しきは、
「5ひく2は3」と
よむよ。

ひく
→ ー

しき 　□ ー □ = □

こたえ 　□ だい ← ひきざんと
いいます。

---

2 2ひき とんでいくと、のこりは
なんびきに なりますか。

📖 きょうかしょ 58ページ **3**

6ぴき

しき 　□ ー □ = □

こたえ 　□ ひき

---

3 けえきが 8こ ありました。
5こ たべました。のこりは
なんこに なりましたか。

📖 きょうかしょ 59ページ **1**

しき 　□ = □

こたえ 　□ こ

おうちのかたへ　初めの数量から取りさったり、減少したときの残りの部分を求めたりします（求残）。

① のこりは いくつ ［その2］
② 0の ひきざん

きほんのワーク

きほん❶ 10の ひきざんが わかりますか。

☆ おにぎりを 10こ つくりました。そのうち 3こに のりを まきました。のりを まいていない おにぎりは なんこですか。

しき [　] − [　] = [　]

おにぎり　のりを まいた おにぎり　のりを まいていない おにぎり

10このうち 3こに のりを まいたから、のこりは…。

こたえ [　] こ

❶ すたんぷを 10こ あつめます。そのうち 6こ あつめました。あと なんこ あつめれば いいですか。

📖きょうかしょ 60ページ❶

しき [　] − [　] = [　]

こたえ [　] こ

❷ ひきざんを しましょう。

📖きょうかしょ 60ページ❷

① 10−5= [　]　　② 10−2= [　]

③ 10−6= [　]　　④ 10−4= [　]

⑤ 10−7= [　]　　⑥ 10−1= [　]

さんすうはかせ　おおむかし かずが はつめいされた ときには 「0」という かずは なかったんだって。0を はつめいしたのは いんどじんと いわれているよ。

☆ とらんぷあそびを して います。のこりの は なんまいに なりますか。

1まい だすと

$$4 - 1 = \boxed{}$$

2まい だすと

$$4 - \boxed{} = \boxed{}$$

4まい だすと

$$4 - \boxed{} = \boxed{}$$

1まいも だせないと

$$4 - \boxed{} = \boxed{}$$

ぱす…。

3 のこりの 🍰 は なんこに なりますか。　📖 きょうかしょ 61ページ**1**

① 1こ たべると　② 3こ たべると　③ 1こも たべないと

$$3 - 1 = \boxed{}$$ 　$$3 - 3 = \boxed{}$$ 　$$3 - 0 = \boxed{}$$

4 けいさんを しましょう。　📖 きょうかしょ 61ページ▶

① $6 - 6 = \boxed{}$ 　② $2 - 2 = \boxed{}$ 　③ $8 - 8 = \boxed{}$

④ $5 - 0 = \boxed{}$ 　⑤ $9 - 0 = \boxed{}$ 　⑥ $0 - 0 = \boxed{}$

おうちのかたへ　計算でつまずいたら、トランプを出す、ケーキを食べるなど、具体物で考えてみるとよいでしょう。

もくひょう

ちがいは いくつに
なるかを
かんがえよう。

おわったら
シールを
はろう

③ ちがいは いくつ

きほんのワーク

きょうかしょ　⊥62〜67ページ　こたえ　6ページ

きほん 1　どれだけ おおいか わかりますか。

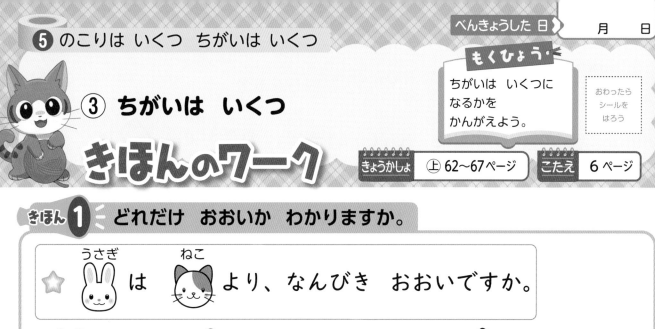

☆ うさぎ は ねこ より、なんびき おおいですか。

7ひき

3びき

おおい

どちらが おおいかを
もとめる ときも ひきざんの
しきに あらわせるね。

しき ☐ − ☐ = ☐ こたえ ☐ ひき おおい

うさぎ　ねこ　ちがい

1 みかんは りんごより、なんこ すくないですか。

📖 きょうかしょ 63ページ▸

6こ　4こ

しき ☐ − ☐ = ☐ こたえ ☐ こ すくない

2 えんぴつと くれよんでは どちらが なんぼん すくないですか。

📖 きょうかしょ 63ページ▸

しき ☐ − ☐ = ☐

こたえ ☐ が ☐ ほん すくない

さんすうはかせ　ひきざんでは 「−」という きごうを つかうよね。「−」の きごうも 「＋」の きごうも
ドイツの すうがくしゃ ドビマンという ひとが つかいはじめたんだ。

☆ けえきを　ひとり　1つずつ　もらいます。
　けえきは　いくつ　あまりますか。

ずに かいて
かんがえても
いいね。

けえき

あまる

こども

しき　□ − □ = □

こたえ　□ つ

3　ぷりんに　1ぽんずつ　すぷうんを　つけます。すぷうんは
あと　なんぼん　いりますか。

きょうかしょ 66ページ①

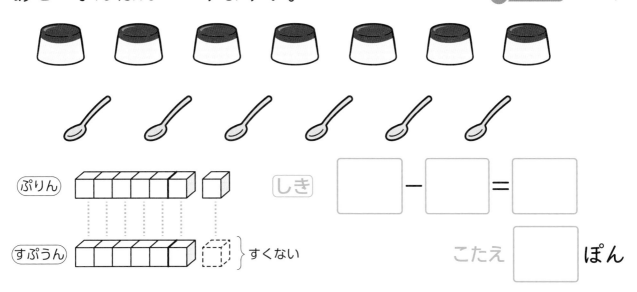

ぷりん

すぷうん　すくない

しき　□ − □ = □

こたえ　□ ぽん

4　こたえが　3に　なる　かあどに　○を　つけましょう。

きょうかしょ 67ページ

5 − 4　　6 − 3　　7 − 2　　4 − 1

おうちのかたへ　2つの数量の差を求める「求差（きゅうさ）」を学習します。求差は、2つの数量が同時に存在するとき、その差を求めるひき算です。残りはいくつ（求残）との意味の違いを確認しましょう。

29

れんしゅうのワーク

できた かず

/7もん 中

おわったら
シールを
はろう

きょうかしょ　上 54〜69ページ　　こたえ　6ページ

1 のこりは いくつ　こどもが 7にん あそんでいました。
こどもが 3にん かえりました。
のこりは なんにんに なりましたか。

しき　　　　　　　　　　　　　　こたえ　　　　にん

2 ちがいは いくつ　かずの ちがいは、いくつですか。

❶
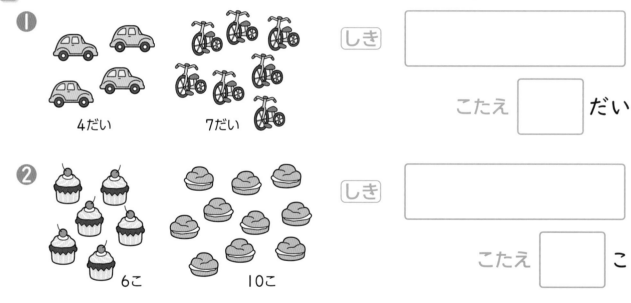

4だい　　　　7だい

しき

こたえ　　　　だい

❷

6こ　　　　10こ

しき

こたえ　　　　こ

3 ひきざんの おはなし　5－3の おはなしを つくりましょう。

できるナビ　ひきざんの ぶんしょうだいに つよく なろう。「のこりは いくつ」と
「ちがいは いくつ」の ちがいが わかるかな。もんだいを よく よんで しきを かこう。

まとめのテスト

じかん
20
ぷん

とくてん

/100てん

おわったら
シールを
はろう

1 よくでる ひきざんを しましょう。

1つ5〔50てん〕

① 3−1=

② 0−0=

③ 6−2=

④ 9−7=

⑤ 4−3=

⑥ 5−4=

⑦ 8−0=

⑧ 10−3=

⑨ 7−6=

⑩ 10−8=

2 よくでる こたえが 4に なる かあどに ○を つけましょう。

〔10てん〕

| 5−1 | 9−4 | 8−4 | 10−7 |

3 あめが 8こ あります。3こ たべました。のこりは
なんこに なりましたか。

1つ10〔20てん〕

しき

こたえ □ こ

4 いぬが 6ぴき います。ねこが 4ひき います。いぬは
ねこより、なんびき おおいですか。

1つ10〔20てん〕

しき

こたえ □ ひき おおい

ふろくの「計算れんしゅうノート」6〜9ページを やろう！

  □ ひきざんの しきに かくことが できたかな？
□ ひきざんの けいさんが できたかな？

31

いくつ あるかな

きほんのワーク

もくひょう

かずを せいりして
かんがえて みよう。

おわったら
シールを
はろう

きょうかしょ　⊕72〜73ページ　　こたえ　7ページ

きほん ①　せいりして かんがえることが できますか。

☆ まみさんは おりがみで つるを おっています。

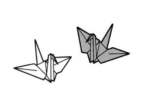
げつようび

かようび

すいようび

もくようび

おった かずだけ
いろを ぬりましょう。

いくつ おったか みながら、
したから ぬっていこう。

おった かずの ちがいが
ひとめで わかるね。

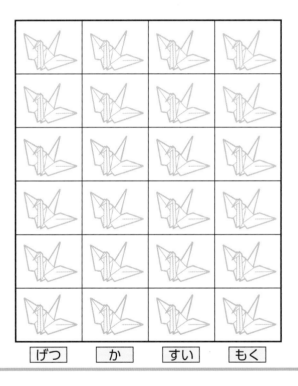

げつ　　か　　すい　　もく

① うえの もんだいを みて こたえましょう。　📖 きょうかしょ 72ページ❶

① いちばん たくさん おったのは、
なんようびですか。　　　　　　　（　　　　　　ようび　）

② 4こ おったのは、なんようびですか。　（　　　　　　ようび　）

③ おった かずが おなじなのは、
なんようびと なんようびですか。　（＿＿＿ようびと ＿＿＿ようび）

おうちのかたへ　個数を絵グラフに整理して考えます。表やグラフの学習の入り口になります。
絵グラフからわかることを話し合ってみましょう。

まとめのテスト

じかん **20** ぷん

とくてん　／100てん

おわったら シールを はろう

1 くだものの かずを くらべましょう。

1つ20〔100てん〕

① くだものの かずを みやすく せいりします。 みぎに くだものの かずだけ いろを ぬりましょう。

② ばななは、 なんぼんですか。

（　　　　）ぼん

③ いちばん おおい くだものは、なんですか。

（　　　　　　　　）

| めろん | ばなな | ぶどう | ぱいなっぷる | りんご |

④ いちばん すくない くだものは、なんですか。

（　　　　　　　　）

⑤ くだものの かずが おなじなのは、どの くだものと どの くだものですか。

（　　　　と　　　　）

 ☐ くらべやすく せいりすることが できたかな？
☐ くらべて みて、わかったことが いえたかな？

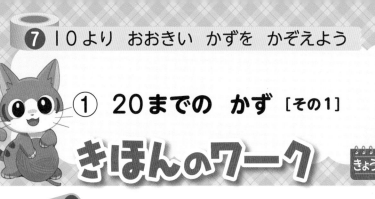

① 20までの かず [その1]

きほんのワーク

もくひょう
10より おおきい 20までの かずを しろう。

おわったら シールを はろう

きょうかしょ 上 74〜79ページ　　こたえ 7ページ

きほん 1 20までの かずの かきかたが わかりますか。

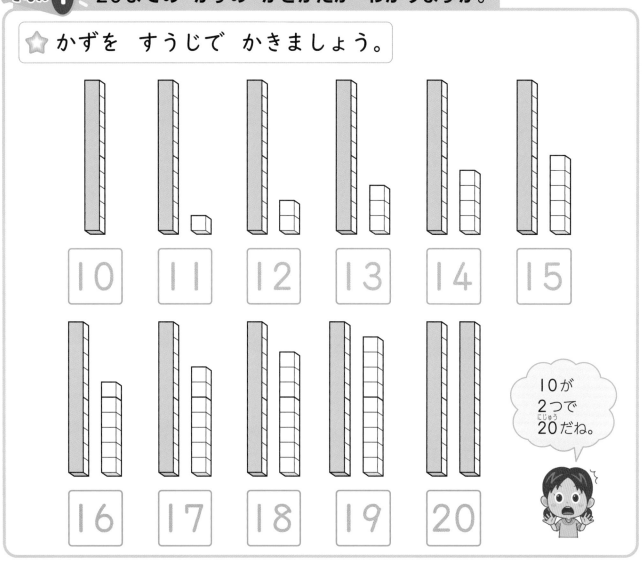

☆ かずを すうじで かきましょう。

| 10 | 11 | 12 | 13 | 14 | 15 |

| 16 | 17 | 18 | 19 | 20 |

10が 2つで 20(にじゅう)だね。

1 かずを かぞえましょう。

📖 きょうかしょ 74〜78ページ

❶

❷

❸

❷は 10の まとまりを かこむと わかりやすいね。

さんすうはかせ かずの かぞえかたは こえに だして おぼえよう。2 4 6 8 10(二とび)
5 10 15 20(五とび)も おぼえて おくと べんりだよ。

2 かずを かぞえましょう。　きょうかしょ 78ページ

①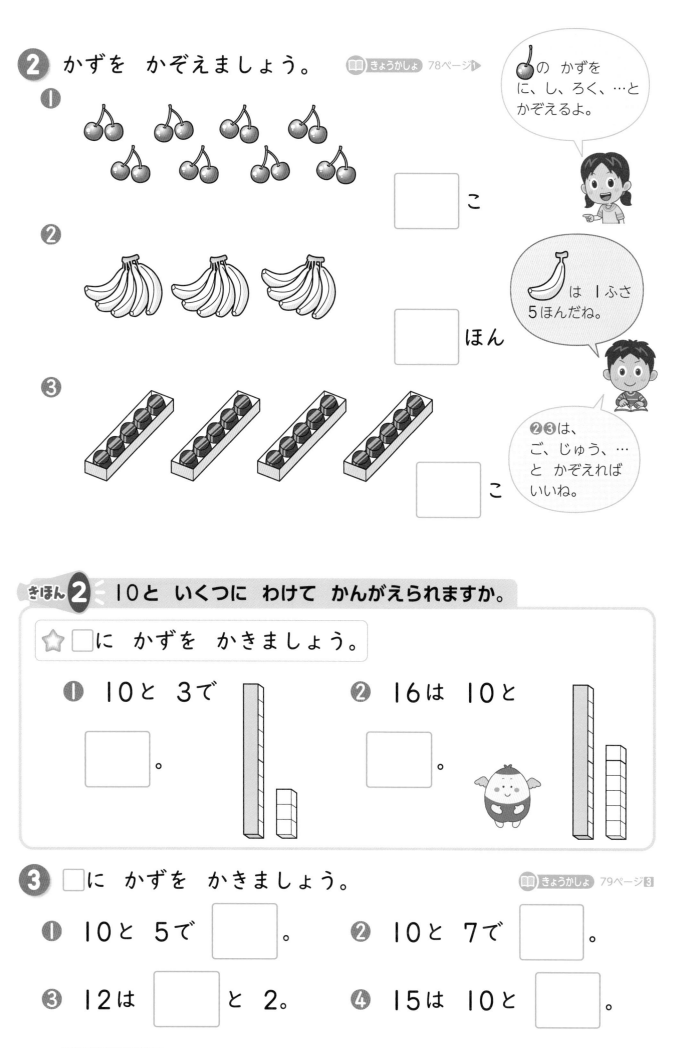

□ こ

さくらんぼ の かずを
に、し、ろく、…と
かぞえるよ。

②

□ ほん

バナナ は 1ふさ
5ほんだね。

③

□ こ

❷❸は、
ご、じゅう、…
と かぞえれば
いいね。

きほん2 10と いくつに わけて かんがえられますか。

☆ □に かずを かきましょう。

① 10と 3で

□ 。

② 16は 10と

□ 。

3 □に かずを かきましょう。　きょうかしょ 79ページ 3

① 10と 5で □ 。　② 10と 7で □ 。

③ 12は □ と 2。　④ 15は 10と □ 。

おうちのかたへ　11から20までの数の数え方、読み方、書き方を練習します。10といくつと考えるように
指導します。10のまとまりを、きちんととらえているかどうか見てあげてください。

もくひょう
かずのせんの みかたを
しろう。かずの
ならびかたを しろう。

おわったら
シールを
はろう

① 20までの かず [その2]

きほんのワーク

きょうかしょ (上) 80〜81ページ　こたえ 7ページ

きほん ① かずの ならびかたが わかりますか。

☆ うさぎ と かめ は どこまで すすみましたか。
かずのせんを つかって かんがえましょう。

かずのせんと
いうよ。

0 1 2 3 4 5 6 7 8 9 10 11 12 13 14 15 16 17 18 19 20

① うさぎ 　□　　② かめ 　□

1 おおきい ほうに ○を つけましょう。

きょうかしょ 80ページ①

かずのせんで、
みぎに あるのは
どちらかな？

① ⑨ 13　② 15 14

③ 17 15　④ 18 20

2 □に かずを かきましょう。

きょうかしょ 81ページ②

① 11 12 □ □ 15 □ 17

② 14 15 □ □ 18 □ 20

③ 8 □ 12 □ 16 18 □

さんすうはかせ かずのせんでは みぎに いくほど かずが おおきく なって いるよ。かずのせんは
「すうちょくせん」とも いって、さんすうの べんきょうに よく でて くるよ。

☆ □に　かずを　かきましょう。

0　1　2　3　4　5　6　7　8　9　10　11　12　13　14　15　16　17　18　19　20

❶ 3 おおきい　　　❷ 2 ちいさい

❶ 10より 3 おおきい かずは □。

❷ 20より 2 ちいさい かずは □。

3 かずのせんを みて こたえましょう。　📖 きょうかしょ 81ページ③

0　1　2　3　4　5　6　7　8　9　10　11　12　13　14　15　16　17　18　19　20

❶ 12より 2 おおきい かず （　　）

❷ 15より 3 ちいさい かず （　　）

❸ 18より 2 ちいさい かず （　　）

4 かずのせんを つかった すごろくを しています。

📖 きょうかしょ 80ページ④

じゃんけんで
かったら すすめます。　→

ぐう　1 すすむ

ちょき　2 すすむ

ぱあ　3 すすむ

❶ まみさんは 10に とまっています。 ちょきで
かつと、どこまで すすめるでしょうか。 （　　）

❷ りくさんは 9に とまっています。ぱあで かつと、
どこまで すすめるでしょうか。 （　　）

② たしざんと ひきざん

きほんのワーク

きょうかしょ （上）82〜83ページ　　こたえ 7ページ

きほん 1 10＋4、14−4の けいさんが わかりますか。

☆ □に かずを かきましょう。

❶ 14は □ と 4 です。

❷ 10 に 4 を たした かず。

10＋4＝□

❸ 14 から 4 を ひいた かず。

14−4＝□

 ずを みると わかるね。

---

1 □に かずを かきましょう。　　📖 きょうかしょ 82ページ 1

❶ 10に 6を たした かず。

10＋6＝□

❷ 16から 6を ひいた かず。

16−6＝□

---

2 けいさんを しましょう。　　📖 きょうかしょ 82ページ ▶

❶ 10＋3＝□　　　　❷ 10＋8＝□

❸ 10＋1＝□　　　　❹ 11−1＝□

❺ 18−8＝□　　　　❻ 13−3＝□

38

☆ りんごが 13こ あります。2こ もらうと ぜんぶで なんこに なりますか。

しき ☐ ＋ ☐ ＝ ☐

こたえ ☐ こ

3 いろがみが 15まい あります。3まい つかうと のこりは なんまいに なりますか。 きょうかしょ 83ページ 2

しき ☐ － ☐ ＝ ☐

こたえ ☐ まい

4 けいさんを しましょう。 きょうかしょ 83ページ 1

① 12＋3＝ ☐　　② 11＋5＝ ☐

③ 15＋3＝ ☐　　④ 14＋1＝ ☐

⑤ 14－2＝ ☐　　⑥ 18－3＝ ☐

⑦ 17－5＝ ☐　　⑧ 16－1＝ ☐

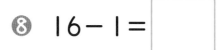 おうちのかたへ 「10＋いくつ」「10いくつ＋いくつ」のたし算と「10いくつ－いくつ」のひき算のしかたを学習します。10をひとまとまりと考えて計算します。

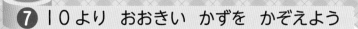
もくひょう
20より おおきい
かずの かきかたと
よみかたを しろう。

おわったら
シールを
はろう

③ 20より おおきい かず

きほんのワーク

きょうかしょ ⊕ 84〜85ページ   こたえ 8ページ

きほん **1** 20より おおきい かずを かく ことが できますか。

☆ ／ の かずを すうじで かきましょう。

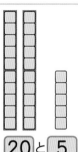

20と 5

10が 2こで 20
20と 5で
にじゅうごと いうよ。

---

1 かずを かぞえましょう。

📖 きょうかしょ 84ページ**1**

① 20と 7

② 30と 3

2 かれんだあの あいて いる ところに あう かずを
かきましょう。

📖 きょうかしょ 85ページ**2**

にち	げつ	か	すい	もく	きん	ど
1	2	3	4	5	6	7
8	9	10	11	12	13	14
15	16	17		19		21
22	23			26	27	28
29		31				

さんすうはかせ にほんでは かんじの 八の じが したに ひろがって いるから えんぎが いいと
されて いるよ。でも えんぎの わるい かずと いう くにも あるんだ。

まとめのテスト

きょうかしょ ㊤ 74〜85ページ　こたえ 8ページ

じかん 20ぷん　とくてん /100てん

1 かずを かぞえましょう。　1つ10〔30てん〕

①  □ こ

②  □ こ

③ □ ほん

2 □に かずを かきましょう。　1つ5〔20てん〕

① 16 17 18 19 □

② 15 14 □ 12 11

③ 3 □ □

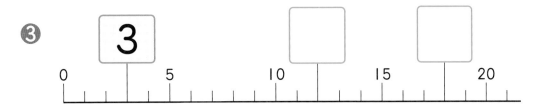

3 おおきい ほうに ○を つけましょう。　1つ5〔10てん〕

① 13 15　② 20 14

4 けいさんを しましょう。　1つ10〔40てん〕

① 10+9= □　② 14+5= □

③ 17-7= □　④ 19-4= □

チェック ✓
□10より おおきい かずを あらわすことが できたかな？
□10より おおきい かずの けいさんが できたかな？

ふろくの「計算れんしゅうノート」10〜11ページを やろう！

41

なんじ なんじはん

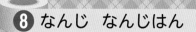

もくひょう
なんじ なんじはんが
よめるように
しよう。

おわったら
シールを
はろう

きほんのワーク

きょうかしょ ㊤ 86〜87ページ　こたえ 8ページ

きほん ❶ とけいの よみかたが わかりますか。

☆ とけいを よみましょう。

 あ

いって
きま〜す!

あ は 「　じ　」 です。

みじかい はりを みると
なんじか わかるね。

 い

またね〜!

い は 「　じ はん　」 です。

みじかい はりは
2と 3の あいだで、
ながい はりは 6だよ。

❶ とけいの よみかたを ── で むすびましょう。　📖 きょうかしょ 86ページ❶

6じはん	5じはん	7じ

❷ とけいを よみましょう。　📖 きょうかしょ 86ページ❶

① 　② 　③

（　　　　　）　（　　　　　）　（　　　　　）

  ごぜん・ごごって きいた ことが あるよね。おひるの 12じの まえと あとと
いう いみだよ。2ねんせいで べんきょうするよ。

☆ ながい はりを かきましょう。

① 10じ

みじかい はりが 10、
ながい はりは 12を
させば いいね。

② 4じはん

みじかい はりが 4と
5の あいだに あるよ。
ながい はりは 6を
させば いいね。

3 ながい はりを かきましょう。

📖 きょうかしょ 87ページ**2**

① 9じ

② 2じ

③ 8じはん

④ 11じはん

4 1じはんの とけいは、
あ、いの どちらですか。

📖 きょうかしょ 87ページ**1**

あ

い

( )

おうちのかたへ　何時、何時半の時計を読めるようにします。時計の読み方がわからないお子さんが多く見られます。ご家庭でも、折にふれて、時計を読むようにしましょう。

できた かず

／9もん 中

おわったら
シールを
はろう

きょうかしょ ㊤ 86〜87ページ　　こたえ　9ページ

1 とけいの よみかた 　とけいを よみましょう。

①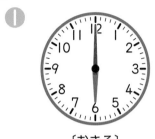

〔おきる〕

(　　　　　)

②

〔じゅぎょう〕

(　　　　　)

③

〔あそぶ〕

(　　　　　)

2 なんじ なんじはん 　とけいの はりを かきましょう。

① 5じ

② 1じ

③ 3じはん

④ 7じはん

チャレンジ! ⑤ 8じ

チャレンジ! ⑥ 9じはん

できるナビ　ながい はりが 12の ときは 「なんじ」、ながい はりが 6の ときは
「なんじはん」に なっているね。

まとめのテスト

じかん
20ぷん

とくてん

／100てん

おわったら
シールを
はろう

1 よくでる　とけいを　よみましょう。

1つ15〔60てん〕

①

(　　　　　　)

②

(　　　　　　)

③

(　　　　　　)

④

(　　　　　　)

2 ながい　はりを　かきましょう。

1つ15〔30てん〕

① 6じ

② 10じはん

3 9じはんの
とけいは、あ、いの
どちらですか。

〔10てん〕

(　　　　　　)

あ 　　い

チェック ✓
□ なんじ　なんじはんの　よみかたが　わかったかな？
□ とけいの　はりを　かくことが　できたかな？

45

かたちあそび

きほんのワーク

もくひょう

みの まわりに ある はこや つつの かたち、ボールの かたちを しろう。

おわったら シールを はろう

きょうかしょ ⑦ 2〜5 ページ　こたえ 9 ページ

きほん 1 にて いる かたちが わかりますか。

☆ みぎの はこと にて いる かたちを えらんで、( )に ○を つけましょう。

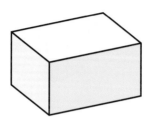

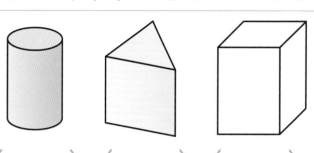

(　)　(　)　(　)

まるや さんかくが あるかな？

つつの かたち

1  の なかまには ○を、 の なかまには □を かきましょう。

はこの かたち

きょうかしょ 2〜4ページ

(　)　(　)　(　)　(　)　(　)

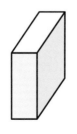   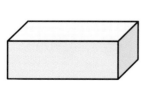

(　)　(　)　(　)　(　)　(　)

さんすうはかせ ティッシュペーパーの あきばこが あったら、はさみを つかって きりひらいて ごらん。どんな かたちに なるかな。はさみは おうちの ひとと つかおうね。

⭐ つみきの そこの かたちを うつしました。うつした
かたちを ●━━● で むすびましょう。

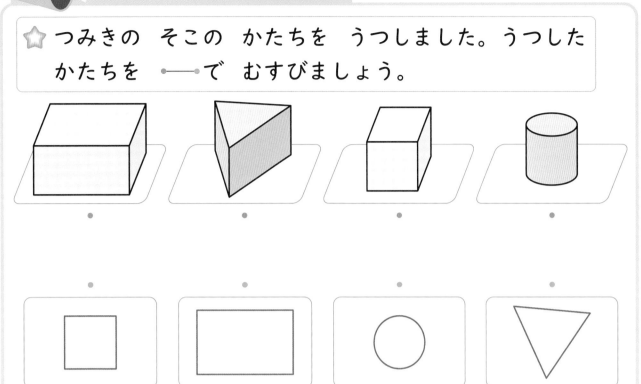

2 したの つみきを つかって かける かたちは あ、い、う、
えの うち どれですか。ぜんぶ えらびましょう。 📖 きょうかしょ 5ページ**5**

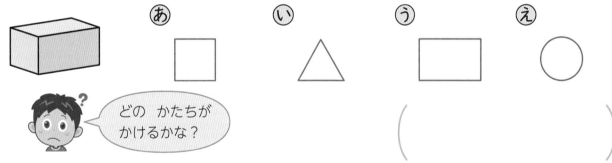

どの かたちが
かけるかな?

(　　　　　　)

3 うまの かたちを つくりました。つかった かたちは、
みぎの あ、い、う、えの うち どれですか。ぜんぶ
えらびましょう。 📖 きょうかしょ 4ページ**4**

あは
さいころの
かたち
だね。

(　　　　　　)

おうちのかたへ　身のまわりにある立体の形を学習します。箱の形、筒の形、球について、仲間分けできるこ
とがねらいです。ご家庭でも、遊びながら立体に親しみましょう。

47

できた かず

／3もん 中

おわったら
シールを
はろう

きょうかしょ ⓉⒹ 2〜5 ページ　　こたえ 10ページ

1 ころがる かたち　したの つみきの 中で、ころがる ものに
ぜんぶ ○を つけましょう。

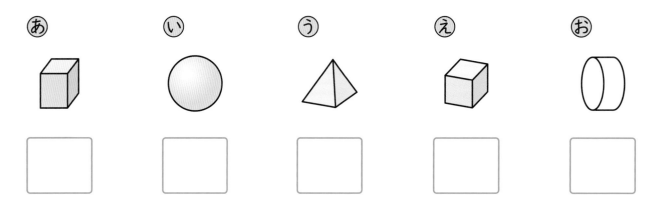

あ　　い　　う　　え　　お

2 つむ ことが できる かたち　したの つみきの 中で、べつの
つみきを うえに つむ ことが できる ものに ぜんぶ
○を つけましょう。

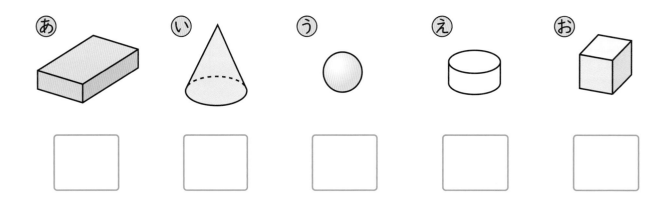

あ　　い　　う　　え　　お

3 はこの かたち　うつしとれる かたちに ぜんぶ ○を
つけましょう。

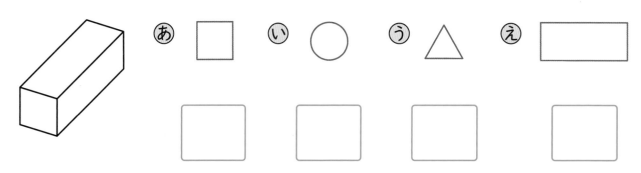

あ　　い　　う　　え

できる ナビ　みの まわりに ある ものから ころがる かたち、つむ ことが できる かたち、
まるい かたち、しかくい かたちを みつけて みよう。

まとめのテスト

きょうかしょ ⊤ 2〜5 ページ　　こたえ 10ページ

じかん **20** ぷん

とくてん

／100てん

おわったら
シールを
はろう

1 よくでる したの かたちを みて、⑥から ⑰で こたえましょう。

1つ20〔60てん〕

▱の　なかま	⬭の　なかま	◯の　なかま

2 つみきを つかって ❶、❷、❸の かたちを かきました。
つかった つみきを ⑥、⑰、⑤で こたえましょう。　1つ10〔30てん〕

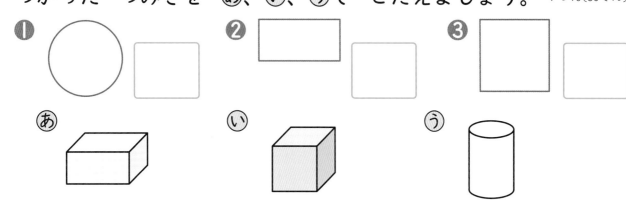

3 したの つみきを つかって かける かたちは ⑥、⑰、⑤、
⑰の うち どれですか。ぜんぶ えらびましょう。　〔10てん〕

（　　　　　）

□ かたちの　なかまわけが　できたかな？
□ かたちを　うつして　えを　かくことが　できたかな？

49

たしたり ひいたり してみよう ［その1］

きほんのワーク

べんきょうした 日 ▶ 　月　日

もくひょう
3つの かずの
たしざん、ひきざんを
しろう。

おわったら
シールを
はろう

きょうかしょ 下 6〜8ページ　　こたえ 10ページ

きほん ① 3つの かずの たしざんが わかりますか。

☆ シールを 7まい もっていました。おねえさんに 3まい
もらいました。おかあさんに 2まい もらいました。
シールは、ぜんぶで なんまいに なりましたか。

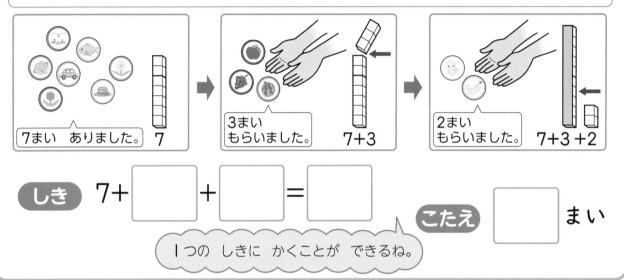

7まい ありました。　7

3まい
もらいました。　7+3

2まい
もらいました。　7+3 +2

しき 7+ ☐ + ☐ = ☐　　こたえ ☐ まい

1つの しきに かくことが できるね。

1 あきかんあつめを しました。はじめに 5こ
ひろいました。つぎに 5こ ひろいました。そのあとで
4こ ひろいました。あきかんは、ぜんぶで なんこに
なりましたか。

📖 きょうかしょ 6ページ 1

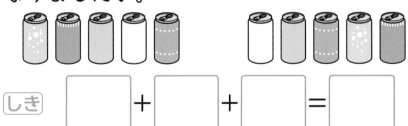

しき ☐ + ☐ + ☐ = ☐　　こたえ ☐ こ

2 けいさんを しましょう。

📖 きょうかしょ 7ページ 1

① 6+4+2= ☐　　② 8+2+1= ☐

③ 9+1+3= ☐　　④ 3+7+6= ☐

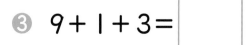
さんすうはかせ けいさんに つよく なるために、なんかいも れんしゅうしよう。
まちがえた もんだいは かならず やりなおして おこうね。

☆ たまごが 8こ ありました。あさごはんに 3こ、
おべんとうに 2こ つかいました。
のこりは なんこに なりましたか。

8   8－3   8－3－2

まえから
じゅんばんに
けいさんしよう。

しき 8－ □ － □ ＝ □   こたえ □ こ

ひきざんも 1つの
しきに かけるね。

8－3の こたえから
2を ひけば いいんだよ。

③ かえるは、なんびき のこっていますか。
きょうかしょ 8ページ 2

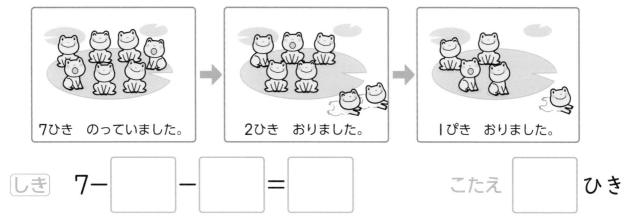

7ひき のっていました。   2ひき おりました。   1ぴき おりました。

しき 7－ □ － □ ＝ □   こたえ □ ひき

④ けいさんを しましょう。
きょうかしょ 8ページ 1

① 10－3－1＝ □   ② 10－2－3＝ □

③ 10－3－2＝ □   ④ 12－2－5＝ □

おうちのかたへ   3つの数のたし算、ひき算を学習します。3＋2＝5、5＋1＝6のような2つのたし算を、
3＋2＋1のように1つの式で表すことの便利さに注目しましょう。

51

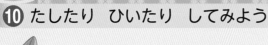

たしたり ひいたり
してみよう [その2]

きほんのワーク

もくひょう
たしざんと ひきざんが
まざった 3つの かずの
けいさんを しよう。

おわったら
シールを
はろう

きょうかしょ ⑦ 9 ページ　　こたえ 10ページ

きほん 1 たしざんと ひきざんの まざった しきが かけますか。

⭐ とりが 10わ いました。5わ とんでいき、3わ
きました。とりは、なんわに なりましたか。

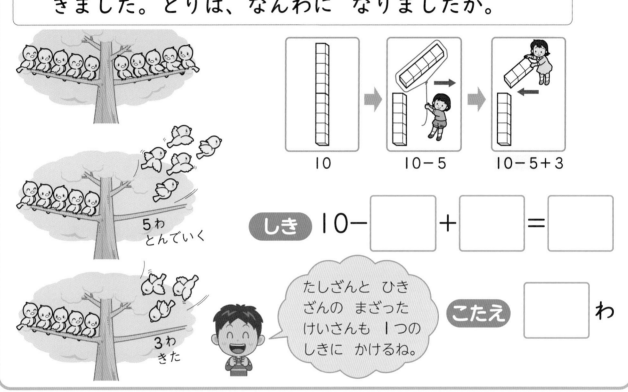

5わ
とんでいく

3わ
きた

10　　10－5　　10－5＋3

しき 10－ ☐ ＋ ☐ ＝ ☐

たしざんと ひき
ざんの まざった
けいさんも 1つの
しきに かけるね。

こたえ ☐ わ

1 あめは、なんこに なりましたか。

きょうかしょ 9ページ❸

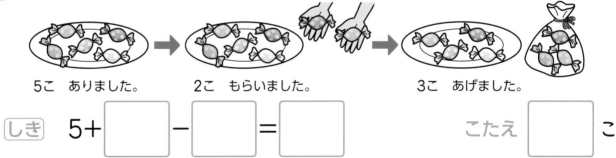

5こ ありました。　　2こ もらいました。　　3こ あげました。

しき 5＋ ☐ － ☐ ＝ ☐　　こたえ ☐ こ

2 けいさんを しましょう。

きょうかしょ 9ページ❶

❶ 5－3＋3＝ ☐　　❷ 10－6＋2＝ ☐

❸ 6＋2－5＝ ☐　　❹ 4＋6－5＝ ☐

さんすうはかせ 3つの かずの けいさんは、はじめに まえの 2つの けいさんを して、その こたえと
3つめの かずを けいさんするんだ。じゅんばんに けいさんすれば いいよ。

まとめのテスト

きょうかしょ ⑦ 6〜9 ページ　こたえ 10ページ

じかん **20** ぷん

とくてん
／100てん

おわったら
シールを
はろう

1 よくでる のこりは なんこに なりますか。1つの
しきに かいて こたえましょう。

1つ10〔20てん〕

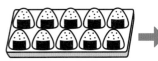  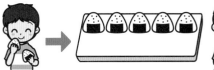

10こ ありました。　　2こ たべました。　　3こ たべました。

しき

こたえ 　　こ

2 かめは、なんびきに なりましたか。1つの しきに
かいて こたえましょう。

1つ10〔20てん〕

3びき いました。　　1ぴき きました。　　2ひき かえりました。

しき

こたえ 　　ひき

3 けいさんを しましょう。

1つ10〔60てん〕

① 5＋5＋4＝

② 8＋2＋7＝

③ 19－9－2＝

④ 10－4－3＝

⑤ 14－4＋5＝

⑥ 1＋9－6＝

□ 1つの しきに かくことが できたかな？
□ 3つの かずの けいさんが できたかな？

ふろくの「計算れんしゅうノート」12〜13ページを やろう！

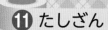

たしざん ［その1］

もくひょう
9+いくつ、8+いくつ、7+いくつ、6+いくつの たしざんを しよう。

おわったら シールを はろう

きょうかしょ ⊤ 10〜12ページ　こたえ 11ページ

きほん ①　9に たす たしざんが わかりますか。

☆ 9+3の けいさんの しかたを かんがえます。
□に かずを かきましょう。

❶ 10を つくるには、9と あと □。

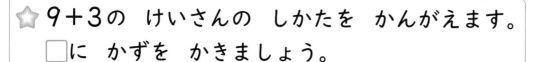

❷ 3を 1と □ に わける。

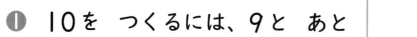

10の まとまりを つくれば いいね。
9は あと 1で 10だから、3を 1と 2に わけるよ。

❸ 9に 1を たして □。

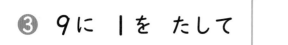 

$$9+3=12$$
⑩ ① 2

❹ 10と 2で □。

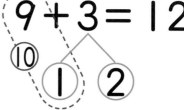

①　○と □に かずを かきましょう。　📖 きょうかしょ 10ページ❶

❶
$$9+5=\boxed{}$$
⑩ ① 4

・9に ○ を たして 10。

10と ○ で 14。

❷
$$9+4=\boxed{}$$
⑩ ① 3

・9に ○ を たして 10。

10と ○ で 13。

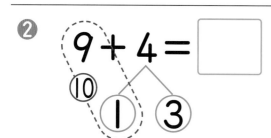 たしざんでは 10の まとまりを つくることが たいせつだよ。あわせて 10に なる くみあわせを すらすら いえるように して おこう。

☆ ◯に かずを かいて、たしざんの しかたを
せつめいしましょう。

❶ 8+5=13　・8と ◯ で 10。

10　2　3　　　　10と ◯ で 13。

❷ 7+5=12　・7と ◯ で 10。

10　3　2　　　　10と ◯ で 12。

❸ 6+5=11　・6と ◯ で 10。

10　4　1　　　　10と ◯ で 11。

2 ◯と ☐に かずを かきましょう。　きょうかしょ 12ページ **2**

❶ 9+2= ☐

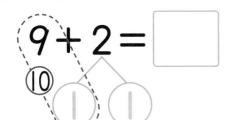

10　1　1

❷ 8+4= ☐

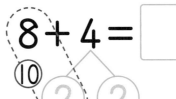

10　2　2

3 たしざんを しましょう。　きょうかしょ 12ページ

❶ 9+8= ☐　　❷ 9+6= ☐　　❸ 9+9= ☐

❹ 8+3= ☐　　❺ 7+6= ☐　　❻ 6+6= ☐

おうちのかたへ　くり上がりのあるたし算の学習をします。始めは、＋の後の数を２つに分けて 10をつくる「加数分解」のやり方を学びます。

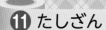

たしざん ［その2］

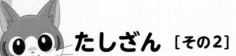

もくひょう

いろいろな やりかたで たしざんを しよう。

おわったら シールを はろう

きょうかしょ ⊤ 13〜15ページ　こたえ 11ページ

きほん ① 4＋9を 2つの やりかたで けいさんできますか。

☆ 4＋9の けいさんを ❶、❷の やりかたで かんがえましょう。

❶ 4を 10に する。

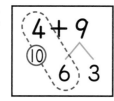

4と ☐ で 10。

10と ☐ で ☐ 。

❷ 9を 10に する。

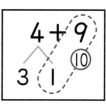

9と ☐ で 10。

10と ☐ で ☐ 。

① 3＋8を 2つの やりかたで けいさんしましょう。

きょうかしょ 13ページ❸

① 3＋8＝ ☐

7 ◯

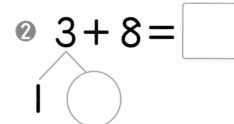

② 3＋8＝ ☐

1 ◯

② たしざんを しましょう。

きょうかしょ 13ページ❶

① 2＋9＝ ☐　② 3＋9＝ ☐　③ 4＋8＝ ☐

④ 5＋8＝ ☐　⑤ 4＋7＝ ☐　⑥ 7＋5＝ ☐

さんすうはかせ ＋の まえの かずを わけて 10の まとまりを つくる ほうほうと、＋の あとの かずを わけて 10の まとまりを つくる ほうほうなどが あるよ。

☆ 8＋7の けいさんの しかたを、せつめいしましょう。

8を 5と [ ]、7を [ ] と 2に わける。

5と 5で [ ]。

のこりの 3と 2で [ ]。

10と [ ] で 15。

8＋7
⑩   2 5
わたしは 8を 10に したわ。

8＋7
5 3 ⑩
ぼくは 7を 10に したよ。

3 たしざんを しましょう。

きょうかしょ 14ページ▶
15ページ▶

❶ 9＋7＝ [ ]   ❷ 8＋5＝ [ ]   ❸ 6＋7＝ [ ]

❹ 7＋8＝ [ ]   ❺ 8＋9＝ [ ]   ❻ 7＋7＝ [ ]

❼ 7＋6＝ [ ]   ❽ 5＋6＝ [ ]   ❾ 6＋9＝ [ ]

4 赤い えんぴつが 6本 あります。青い えんぴつが 6本 あります。あわせて なん本 ありますか。

きょうかしょ 15ページ**5**

しき [   ]

こたえ [ ] 本

 おうちのかたへ　＋の後の数を分ける「加数分解」や＋の前の数を分ける「被加数分解」の他にも、＋の前と後の数両方を分ける方法もあります。

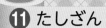

たしざん [その3]

もくひょう
たしざんの カードを つかって、けいさんに なれよう。

おわったら シールを はろう

きほんのワーク

きょうかしょ ⊤ 16〜17ページ　　こたえ 12ページ

きほん **1**　おなじ こたえの しきが わかりますか。

☆ こたえが おなじに なる カードを あつめて います。
あいている カードに はいる しきを かきましょう。

〔14〕　　　〔15〕　　　〔16〕　　　〔17〕

5＋9	6＋9	7＋9	
6＋8			9＋8
7	8＋7	9＋7	
8＋6			
9＋5			

こたえの おなじ カードが たてに ならんで いるよ。

1 こたえが 大きい ほうの カードに ○を つけましょう。

📖きょうかしょ 16・17ページ

① 7＋9　8＋5　　② 9＋2　8＋4

③ 8＋6　9＋3　　④ 6＋9　5＋7

チャレンジ **2** □に かずを かいて、こたえが 13に なる カードを
つくりましょう。

📖きょうかしょ 16・17ページ

① 9＋□　　② 5＋□

③ □＋6　　④ □＋7

おうちのかたへ　たし算のカードを使って、答えが同じになる式を見つけます。数のならび方のきまり、
＋の前と後の数の関係に目を向けるように促します。

れんしゅうのワーク①

できた かず

／13もん 中

おわったら
シールを
はろう

きょうかしょ ⬇ 10〜18ページ こたえ 12ページ

1 たしざん □に かずを かきましょう。

①
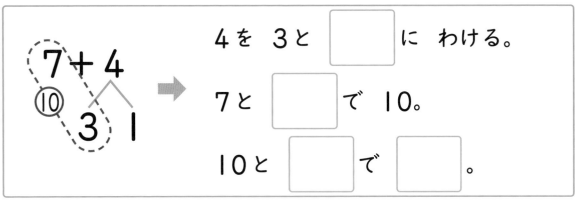

7＋4
⑩
3 1

4を 3と □に わける。

7と □で 10。

10と □で □。

②
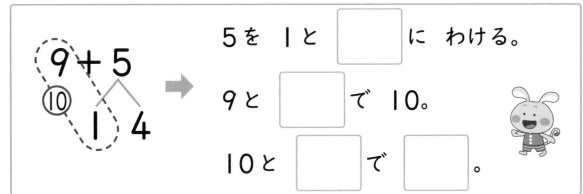

9＋5
⑩
1 4

5を 1と □に わける。

9と □で 10。

10と □で □。

2 たしざんカード □に かずを かいて、こたえが 11に なる
カードを つくりましょう。

① 5＋□

② □＋8

③ 7＋□

④ 2＋□

3 たしざん 8＋6の しきに なる もんだいを つくりましょう。

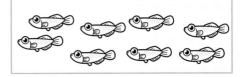

どんな
もんだいに
なったかな？

でき**る**ナビ たしざんの しかたを こえに だして、せつめいしてみよう。こえに だして
せつめいすると よく わかるように なるよ。

れんしゅうのワーク❷

できた かず

/15もん 中

おわったら
シールを
はろう

きょうかしょ 下 10〜18ページ　　こたえ 13ページ

1 たしざんカード　こたえが おなじに なる カードを ── で
むすびましょう。□に こたえも かきましょう。

8＋5 ・	・ 9＋5＝
3＋9 ・	・ 7＋4＝
7＋7 ・	・ 6＋6＝
5＋6 ・	・ 8＋7＝
9＋6 ・	・ 5＋8＝

2 たしざん　こたえが 12に なる たしざんの しきを、
5つ つくりましょう。

□＋□＝12　　　　□＋□＝12

□＋□＝12　　　　□＋□＝12

□＋□＝12

できるナビ　けいさんを まちがえたら、どこを まちがえたか たしかめて、もういちど
やりなおして おこう。

まとめのテスト

 じかん **20** ぶん

とくてん 　　　／100てん

おわったら シールを はろう

1 たしざんを しましょう。

1つ5〔60てん〕

① 2＋9＝ ⬜

② 7＋8＝ ⬜

③ 5＋6＝ ⬜

④ 8＋3＝ ⬜

⑤ 6＋9＝ ⬜

⑥ 3＋8＝ ⬜

⑦ 9＋5＝ ⬜

⑧ 5＋8＝ ⬜

⑨ 4＋7＝ ⬜

⑩ 8＋9＝ ⬜

⑪ 9＋4＝ ⬜

⑫ 7＋6＝ ⬜

2 おやの きりんが 4とう、子どもの きりんが 8とう います。きりんは、ぜんぶで なんとう いますか。

1つ10〔20てん〕

しき ⬜

こたえ（　　　　　）

3 よくでる きんぎょを 7ひき かっています。4ひき もらうと、ぜんぶで なんびきに なりますか。

1つ10〔20てん〕

しき ⬜

こたえ（　　　　　）

ふろくの「計算れんしゅうノート」14〜18ページを やろう！

 チェック ☑
- ☐ 10の まとまりを つくることが できたかな？
- ☐ たしざんの けいさんが できるように なったかな？

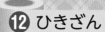

もくひょう

10と いくつに わけて
ひきざんの しかたを
かんがえよう。

おわったら
シールを
はろう

① **ひきざん** [その1]

きほんのワーク

きょうかしょ ⓣ 19〜22ページ　　こたえ 13ページ

きほん 1 14−9の けいさんが できますか。

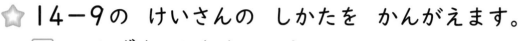
☆ 14−9の けいさんの しかたを かんがえます。
　□に かずを かきましょう。

① 4から 9は <u>ひけない</u>。

② 14を 10と 4に わける。

③ 10から 9を ひいて □ 。

④ 1と 4を たして □ 。

$$14-9=\boxed{}$$

⑩ ④

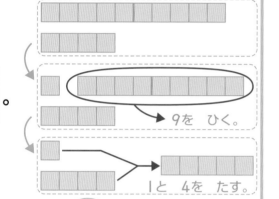

9を ひく。

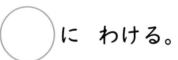

1と 4を たす。

10の まとまりから
ひいて のこりを
たして いるね。

1 ◯と □に かずを かきましょう。
📖きょうかしょ 19ページ**1**

① $12-9=\boxed{}$　・12を 10と ◯ に わける。

⑩ ②

10から 9を ひいて ◯ 。

1と ◯ を たして 3。

② $15-9=\boxed{}$　・15を 10と ◯ に わける。

⑩ ⑤

10から 9を ひいて ◯ 。

1と ◯ を たして 6。

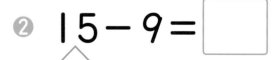
ひく
一の まえの かずを 10と いくつに わけて かんがえよう。わからない ときは
ブロックを うごかしながら かんがえて みよう。

☆ □に かずを かいて、ひきざんの しかたを せつめいしましょう。

11 − 8 ＝ 3 ・1から 8は <u>ひけない。</u>

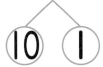

11を 10と □に わける。

10から 8を ひいて □。

11を 10と 1に わければ いいね。

2と 1を たして □。

2 ○と □に かずを かきましょう。 きょうかしょ 21ページ**2**

① 13 − 9 ＝ □

② 12 − 8 ＝ □

③ 13 − 7 ＝ □

④ 16 − 9 ＝ □

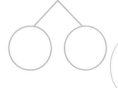

 10の まとまりから ひこう。

3 ひきざんを しましょう。 きょうかしょ 21ページ▶

① 11 − 9 ＝ □   ② 13 − 8 ＝ □   ③ 17 − 9 ＝ □

④ 15 − 8 ＝ □   ⑤ 18 − 9 ＝ □   ⑥ 16 − 8 ＝ □

おうちのかたへ くり下がりのあるひき算を学習します。−の前の数を10といくつに分けて考えます。10 からひいて、残りをたすことを意識します。

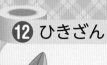

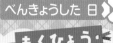

① ひきざん ［その2］

きほんのワーク

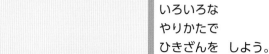

もくひょう
いろいろな やりかたで ひきざんを しよう。

おわったら シールを はろう

きほん ① 12−3の けいさんが できますか。

☆ □に かずを かいて、ひきざんの しかたを せつめいしましょう。

$$12 - 3 = 9$$

2　1

・3を 2と 1に わける。

12から □ を ひいて 10。

10から □ を ひいて 9。

うしろの かずを わけて いるのね！

---

1 ○と □に かずを かきましょう。

きょうかしょ 22ページ ❸

❶ $14 - 5 = \boxed{}$

4　1

・5を 4と ○に わける。

14から 4を ひいて ○。

10から ○ を ひいて 9。

---

❷ $17 - 8 = \boxed{}$

7　1

・8を 7と ○に わける。

○から 7を ひいて 10。

10から ○ を ひいて 9。

2 ひきざんを しましょう。

きょうかしょ 22ページ ❶

❶ $11 - 2 = \boxed{}$　❷ $13 - 4 = \boxed{}$　❸ $15 - 6 = \boxed{}$

❹ $11 - 4 = \boxed{}$　❺ $14 - 6 = \boxed{}$　❻ $16 - 8 = \boxed{}$

さんすうはかせ　ひきざんの やりかたを こえに 出して せつめいして ごらん。
おうちの 人に きいて もらおう。

⭐ 11−3の けいさんを ❶、❷の やりかたで かんがえましょう。

❶ 11を 10と 1に わける。

$$11-3$$
10 1

10から ☐ を
ひいて 7。

7と ☐ を
たして 8。

❷ 3を 1と 2に わける。

$$11-3$$
1 2

☐ から 1を
ひいて 10。

☐ から 2を
ひいて 8。

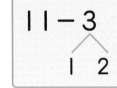

❸ 13−5を 2つの やりかたで けいさんしましょう。

📖 きょうかしょ 22ページ❹

❶ 13−5= ☐

10 ◯

❷ 13−5= ☐

3 ◯

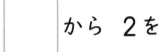

❹ ひきざんを しましょう。

📖 きょうかしょ 23ページ▶

❶ 11−7= ☐   ❷ 12−5= ☐   ❸ 12−4= ☐

❹ 13−7= ☐   ❺ 14−7= ☐   ❻ 14−8= ☐

❼ 15−7= ☐   ❽ 16−9= ☐   ❾ 15−8= ☐

おうちのかたへ　これまで学習した減加法に加えて、一の後の数を2つに分けて2回ひく、減減法を学びます。
おもに減加法を学びますが、減減法の方が、計算しやすいこともあります。

もくひょう
カードを つかって、
けいさんに なれよう。
たすのか ひくのか
かんがえよう。

おわったら
シールを
はろう

① **ひきざん** [その3]
② **たすのかな ひくのかな**

きほんのワーク

きょうかしょ ⊤ 25〜28ページ　こたえ 15ページ

きほん 1　おなじ こたえの しきが わかりますか。

☆ こたえが おなじに なる カードを あつめています。
あいて いる カードに はいる しきを かきましょう。

〔3〕

12−9

〔4〕
11−7
12−8
9

〔5〕
11−6

13−8
14−9

〔6〕
11−5
12−6

14−8
15−9

ならびかたに
きまりが あるかな？

① こたえが 大きい ほうの カードに ◯を つけましょう。

📖 きょうかしょ 25・26ページ

① 15−9 ｜ 13−8 　　② 12−9 ｜ 11−7

③ 12−6 ｜ 14−9 　　④ 13−8 ｜ 12−6

チャレンジ！ ② □に かずを かいて、こたえが 7に なる カードを
つくりましょう。

📖 きょうかしょ 25・26ページ

① 12− 5 　　　② 14− □

③ □ −8 　　　④ □ −6

66

 さんすうはかせ ひき算の カードを使って、答えが 同じに なる 式を 見つけます。数の ならび方の きまり、
−の 前と 後の 数の 関係に 目を 向けるように 促します。

⭐ こうえんで 子どもが あそんでいます。
ジャングルジムに 6人、てつぼうに 7人 います。
ぜんぶで なん人 いますか。

① たしざんと ひきざんの どちらを つかいますか。

② しきに かいて けいさんしましょう。

しき ［　　　　　　　　　　　　　　　］　こたえ ［　］ 人

③ 青い えんぴつが 8本、赤い えんぴつが
6本 あります。

📖 きょうかしょ 27・28ページ

① あわせて なん本 ありますか。

しき ［　　　　　　　　　　　　　　　］

こたえ ［　］ 本

② どちらが なん本 おおいですか。

しき ［　　　　　　　　　　　　　　　］

こたえ ［　　　］い えんぴつが ［　　　］ 本 おおい

④ 木に りんごが 13こ なっていました。6こ とりました。
のこりは、なんこに なりましたか。

📖 きょうかしょ 27ページ

しき ［　　　　　　　　　　　　　　　］

こたえ ［　］ こ

おうちのかたへ　これまで学習した、たし算、ひき算の応用問題です。たし算とひき算のどちらを使うか、式をつくった理由も言えるようにしましょう。

れんしゅうのワーク

きょうかしょ ⑦ 19〜29ページ　こたえ 15ページ

できた かず

／12もん 中

おわったら
シールを
はろう

べんきょうした 日　月　日

1 ひきざん　□に　かずを　かきましょう。

①
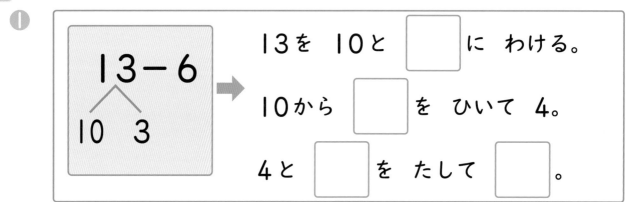

13−6

10　3

13を　10と　□に　わける。

10から　□を　ひいて　4。

4と　□を　たして　□。

②
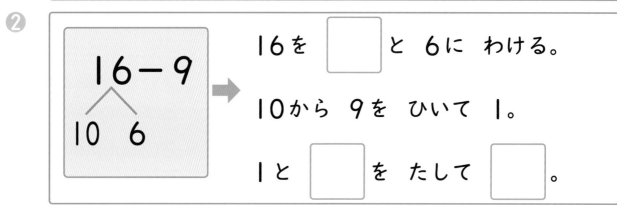

16−9

10　6

16を　□と　6に　わける。

10から　9を　ひいて　1。

1と　□を　たして　□。

2 ひきざんカード　□に　かずを　かいて、こたえが
9に　なる　カードを　つくりましょう。

① 11−□

② □−4

③ 15−□

④ □−3

3 ひきざん　13−5の　しきに　なる　もんだいを　つくりましょう。

できる ナビ　ひきざんの　しかたを　せつめいしたら、まえに　ならった　たしざんの
しかたも　せつめいして　みよう。おぼえていたかな？

まとめのテスト

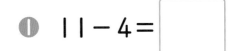

きょうしょ ⊤ 19〜29ページ　こたえ 15ページ

じかん **20** ぷん

とくてん

/100てん

おわったら
シールを
はろう

1 ひきざんを しましょう。

1つ5〔60てん〕

① 11−4= ☐　② 12−5= ☐

③ 13−7= ☐　④ 11−6= ☐

⑤ 17−8= ☐　⑥ 14−5= ☐

⑦ 12−8= ☐　⑧ 16−7= ☐

⑨ 15−6= ☐　⑩ 13−9= ☐

⑪ 18−9= ☐　⑫ 14−8= ☐

2 よくでる えんぴつが 12本 あります。4本 つかうと、
のこりは なん本に なりますか。

1つ10〔20てん〕

しき ☐

こたえ (　　　　)

3 赤い いろがみが 16まい、青い いろがみが 8まい
あります。どちらが なんまい おおいですか。

1つ10〔20てん〕

しき ☐

こたえ (_____ い いろがみが 　　　　 まい おおい)

 □10と いくつに わけることが できたかな？
□ひきざんの けいさんが できるように なったかな？

69

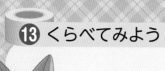

べんきょうした 日　　月　　日

もくひょう

ながさを
くらべられるように
しよう。

おわったら
シールを
はろう

① **ながさくらべ**［その1］

きほんのワーク

きょうかしょ　下 30〜33ページ　こたえ 16ページ

きほん 1 ながさを くらべることが できますか。

☆ えを 見て、あから えで こたえましょう。

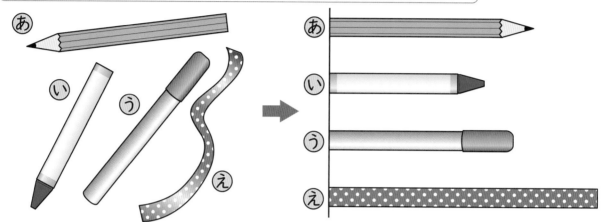

❶ いちばん ながい もの （　　　　）

❷ いちばん みじかい もの （　　　　）

はしを そろえて
くらべて いるんだね。

1 あ、いの どちらが ながいですか。

きょうかしょ 31ページ1

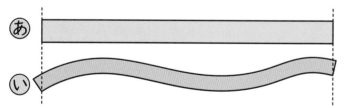

（　　　　）

2 たてと よこの ながさを くらべます。あ、いの
どちらが ながいですか。

きょうかしょ 31ページ1

①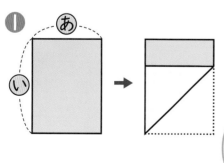

（　　　　）

②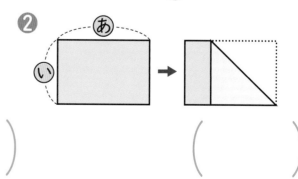

（　　　　）

さんすうはかせ きみの ふでばこには なんぼんの えんぴつが はいっているかな。つくえの うえに
たてて ながさくらべを して みよう。テープに うつしとって くらべて みよう。

☆ つくえの よこの ながさと ドアの はばを、テープに
おきかえて、ながさを くらべます。あ、いの
どちらが ながいですか。

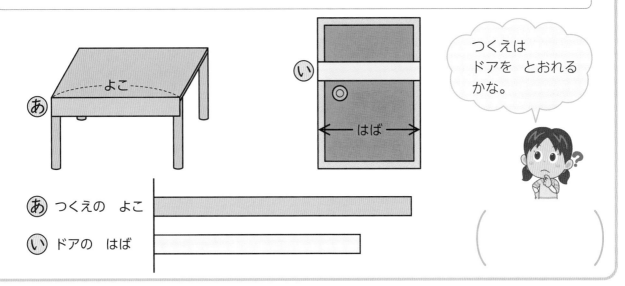

つくえは
ドアを とおれる
かな。

あ つくえの よこ

い ドアの はば

( )

③ あ、いの どちらが ながいですか。

きょうかしょ 31ページ**1**

①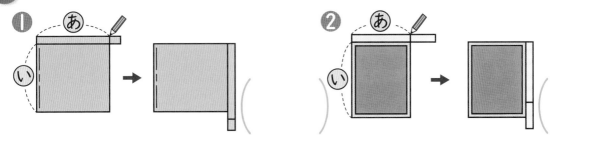

( )

②

( )

④ いろいろな ものの ながさを テープに うつしとって、
ながさを くらべました。あから えで こたえましょう。

きょうかしょ 33ページ**2**

あ つくえの たかさ

い ほんだなの はば

う ほんだなの たかさ

え すいそうの はば

① いちばん ながいのは どれでしょうか。

( )

② いちばん みじかいのは どれでしょうか。

( )

おうちのかたへ 長さについて学習します。比べる物を並べたり、重ねたりして比べる直接比較と、テープなどに写して比べる間接比較を学びます。

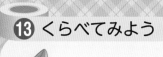

① **ながさくらべ** [その2]
② **かさくらべ** [その1]

きほんのワーク

もくひょう

ながさと かさを
くらべよう。

おわったら
シールを
はろう

きょうかしょ (下) 34〜35ページ　こたえ 16ページ

きほん1 いくつぶんの ながさか わかりますか。

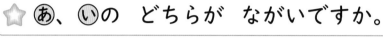
☆ ⓐ、ⓘの どちらが ながいですか。

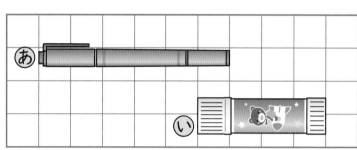

ⓐは ますの
6こぶん、
ⓘは 4こぶん
だから…。

( )

1 ⓐ、ⓘ、ⓤ、ⓔ、ⓞは、それぞれ ますの いくつぶんの
ながさですか。

📖 きょうかしょ 34ページ①

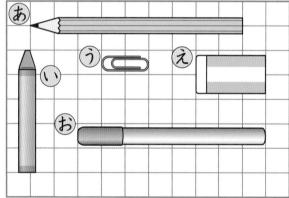

ⓐ ますが [　] こぶん

ⓘ ますが [　] こぶん

ⓤ ますが [　] こぶん

ⓔ ますが [　] こぶん　　ⓞ ますが [　] こぶん

2 どちらが どれだけ ながいですか。

📖 きょうかしょ 34ページ②

❶
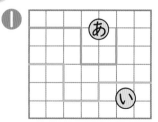

[　] が ますの [　] こ
ぶん ながい。

❷ ⓐ

ⓘ

[　] が の [　] こ
ぶん ながい。

さんすうはかせ　むかしは ゆびを ひらいた ときの ながさなど、人の からだの ぶぶんを つかって
ながさを はかっていたよ。

⭐ おおく 入(はい)る ほうに ○を つけましょう。

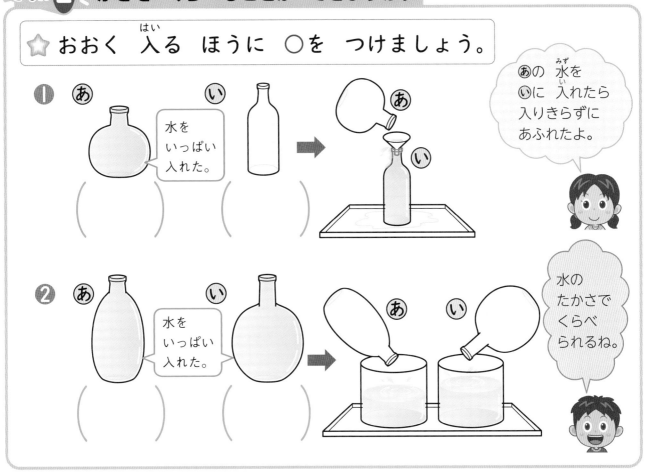

① あ　い
　水を いっぱい 入れた。

あ　い

あの 水を いに 入れたら 入りきらずに あふれたよ。

② あ　い
　水を いっぱい 入れた。

あ　い

水の たかさで くらべ られるね。

③ かさが おおいのは どれですか。

📖 きょうかしょ 35ページ ①

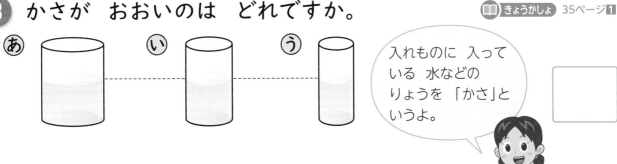

あ　い　う

入れものに 入って いる 水などの りょうを「かさ」と いうよ。

④ 水が おおく 入る じゅんに かきましょう。

📖 きょうかしょ 35ページ ①

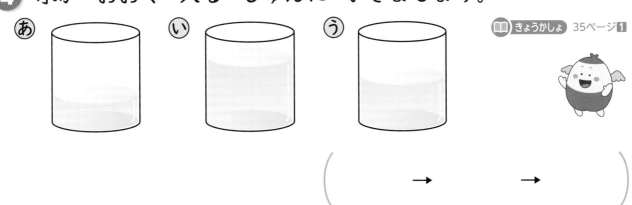

あ　い　う

（ 　 → 　 → 　 ）

🎓 さんすうはかせ　ペットボトルや ぎゅうにゅうパックに 500mLや 1Lという ひょうじが あるよね。これも「かさ（りょう）」を あらわして いるんだよ。

② **かさくらべ** [その2]
③ **ひろさくらべ**

きほんのワーク

べんきょうした 日》　月　日

もくひょう
かさくらべを　しよう。
ひろさくらべを　しよう。

おわったら
シールを
はろう

きょうかしょ　下 36〜38ページ　こたえ　16ページ

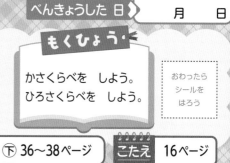

きほん ①　いくつぶんの　かさか　わかりますか。

☆ 水が　おおく　入るのは　どちらですか。

あ

い

あは 🥛で □ はい　　　　　いは 🥛で □ はい

おおく　入るのは □ 。

いが　4はいぶん
おおいね。

① 入れものに　入る　水を　コップに　うつしかえました。

きょうかしょ 36ページ ②①▶

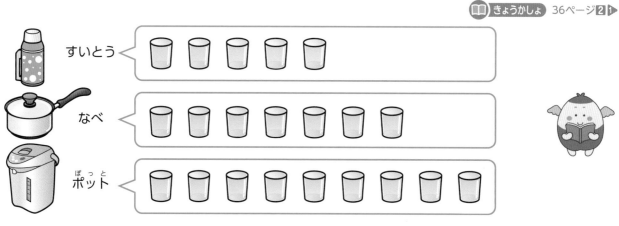

すいとう

なべ

ポット

① それぞれの　入れものには、コップで　なんばいぶんの
水が　入りますか。

● すいとう　　　　● なべ　　　　● ポット

□ はい　　　　□ はい　　　　□ はい

② ポットは　なべより　コップ
なんばいぶん　おおく　入りますか。　　　　□ はいぶん

人の　かずを　かぞえる　とき、「5人、4人、3人」と　「人」を　つけて　いう
けれど、2と　1の　ときは　「人」ではなく、「2人、1人」と　いうよ。

② どちらの はこが 大きいですか。

きょうかしょ 37ページ❸

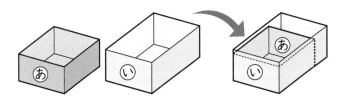

きほん2 ひろさを くらべることが できますか。

⭐ どちらの シートが ひろいですか。

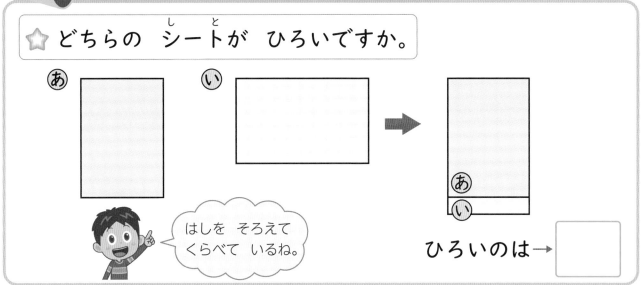

はしを そろえて くらべて いるね。

ひろいのは →

③ ひろい じゅんに かきましょう。

きょうかしょ 38ページ❶

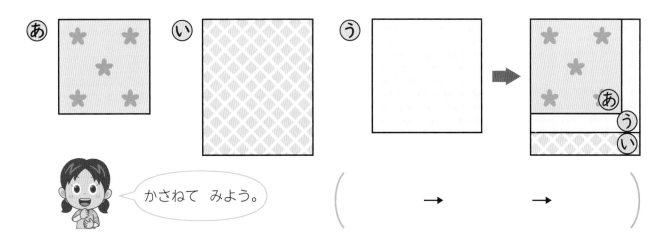

かさねて みよう。

(→ →)

④ どちらが ひろいですか。

きょうかしょ 38ページ❶

えは なんまい あるかな？

( )

おうちのかたへ かさ（量）と広さ（面積）の比べかたを学習します。かさは移しかえて比べる方法、同じ物に入れか
え、その何杯分で比べる方法を学びます。2年生でのかさの単位の学習へつながっていきます。

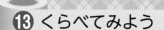 ⑬ くらべてみよう

れんしゅうのワーク

きょうかしょ 下 30〜39ページ　こたえ 17ページ

 べんきょうした 日　月　日

できた かず

/4もん 中

おわったら
シールを
はろう

1 ながさくらべ　ながい じゅんに かきましょう。

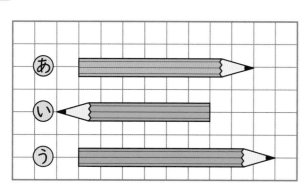

$$(\quad → \quad → \quad)$$

2 かさくらべ　水（みず）が おおく 入（はい）る じゅんに かきましょう。

$$(\quad → \quad → \quad)$$

3 ひろさくらべ　赤（あか）と 青（あお）の どちらが ひろいですか。

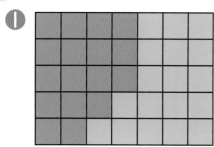

$$(\qquad)$$

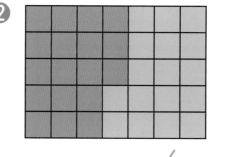

$$(\qquad)$$

76

できる ナビ　大（おお）きさを くらべる ときは いくつぶんに なって いるかを くらべると いいね。
ますの いくつぶん、コップで なんばいぶんかを くらべるよ。

まとめのテスト

きょうかしょ　下 30〜39ページ　こたえ 17ページ

じかん **20** ぷん

とくてん

／100てん

おわったら
シールを
はろう

1 よくでる あ、いの どちらが ひろいですか。

1つ10〔20てん〕

①   →

（　　　　）

②  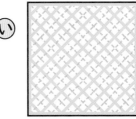 →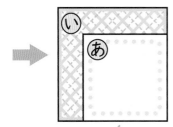

（　　　　）

2 よくでる たてと よこでは どちらが ながいですか。

1つ20〔40てん〕

①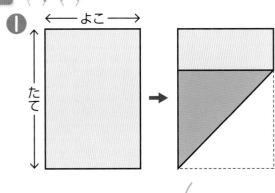

（　　　　）

②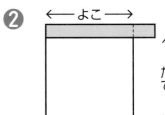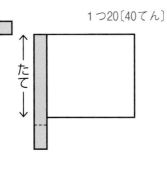

（　　　　）

3 水が おおく 入るのは あ、いの どちらですか。

1つ20〔40てん〕

①

（　　　　）

②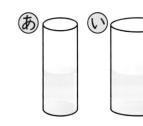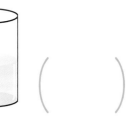

（　　　　）

 チェック ✔
□ ながさや かさ、ひろさを くらべることが できたかな？
□ いくつぶんで かんがえることが できたかな？

かたちを つくろう

きほんのワーク

きょうかしょ ⊤ 42〜45ページ　　こたえ 17ページ

もくひょう
かたちづくりの
おもしろさを
しろう。

おわったら
シールを
はろう

きほん ① いろいたを どのように ならべたか わかりますか。

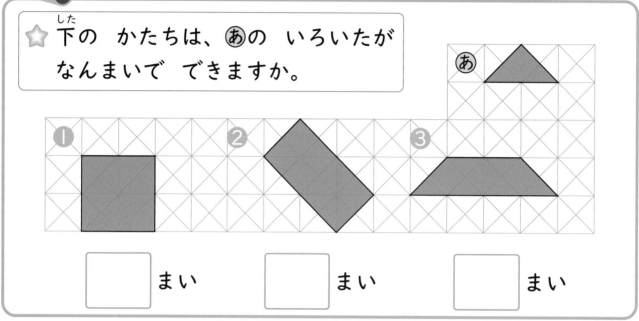

☆ 下の かたちは、㋐の いろいたが
なんまいで できますか。

㋐

① ② ③

☐ まい　　☐ まい　　☐ まい

1 下の かたちは、㋑の ぼうを なん本
つかっていますか。

㋑

📖 きょうかしょ 44ページ3

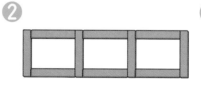

① ② ③

☐ 本　　☐ 本　　☐ 本

2 ・と ・を せんで つないで、いろいろな かたちを
つくりましょう。

📖 きょうかしょ 45ページ4

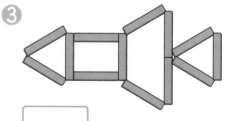

きょうかしょ ⑤ 42〜45ページ　　こたえ 17ページ

とくてん

／100てん

じかん
20
ぷん

1 よくでる 下の　かたちは、あの　いろいたが　なんまいで
できますか。

1つ10〔60てん〕

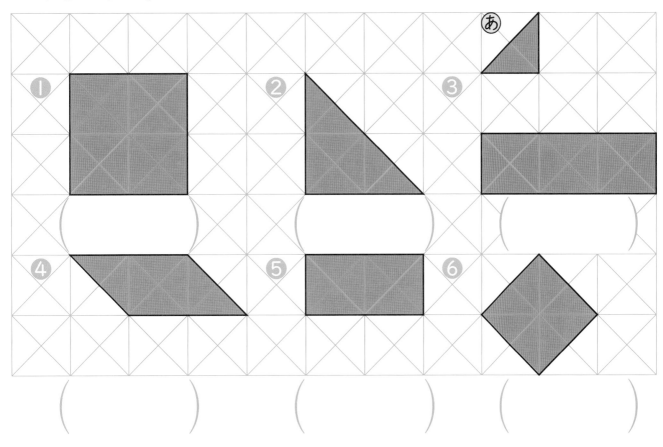

①　②　③　④　⑤　⑥

（　　　）　　　（　　　）　　　（　　　）

2　・と　・を　せんで　つないで、かたちづくりを　します。
すきな　かたちを　1つ　つくり、なまえも
かんがえましょう。

〔40てん〕

あなたの
つくった
かたちの
なまえは？

 □ いろいたを　ならべて　かたちづくりが　できたかな？
□ ぼうを　ならべて　かたちづくりが　できたかな？

79

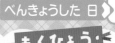

① 100までの かず ［その1］

| きょうかしょ | 下 46〜49ページ | こたえ | 17ページ |

きほん1 大きい かずを かくことが できますか。

☆ / の かずを、すうじで かきましょう。

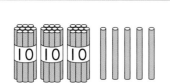

10が 3こで ☐。

30と 5で さんじゅうごと いいます。

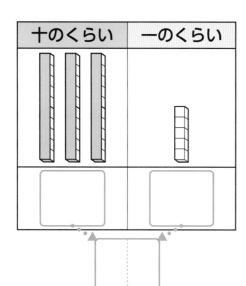

10の たばの かずは 十の くらいに、ばらの かずは 一のくらいに かくんだね。

35は、

十のくらいの すうじが ☐、

一のくらいの すうじが ☐
です。

① つぎの かずを かきましょう。

きょうかしょ 46ページ 1

❶
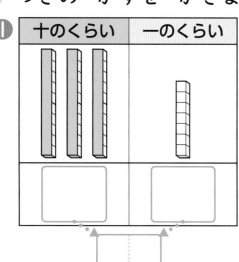

❷
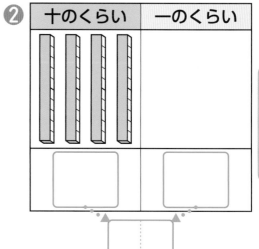

40は 「よんじゅう」と いって、0は いわないよ。

 さんすうはかせ さんすうでは ほかにも、「ぶんすう」や 「しょうすう」も べんきょうするよ。なまえは しっているかな？

きほん **2** 大きい かずを かくことが できますか。

☆ □に かずを かきましょう。

① 十のくらいが 5で、一のくらいが

0の かずは □ 。

十のくらい	一のくらい

② 10が 4こと、1が 7こで □ 。

---

2 つぎの かずを かきましょう。　📖 きょうかしょ 48ページ②

①

十のくらい	一のくらい

□

②

十のくらい	一のくらい

□

---

3 かずを かきましょう。　📖 きょうかしょ 48ページ②

が 7はこと、◯ が 3こで、□ こ。

---

4 □に かずを かきましょう。　📖 きょうかしょ 49ページ▶②

① 10が 9こと、1が 4こで □ 。

② 10が 8こで □ 。

③ 十のくらいが 6で、一のくらいが 3の かずは □ 。

おうちのかたへ　99までの数の並び方、しくみを学習します。十進法の考えで、数を表すことを学びます。

81

① 100までの かず［その2］
② 100より 大きい かず

きほんのワーク

もくひょう
100の いみと かずの ならびかたを しろう。

おわったら シールを はろう

きょうかしょ　下 50〜54ページ　　こたえ　18ページ

きほん ① 100の かずの 大きさや いみが わかりますか。

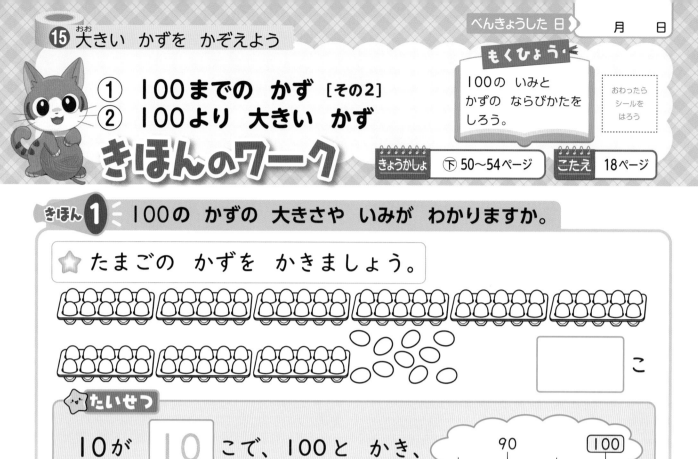

⭐ たまごの かずを かきましょう。

　　こ

たいせつ

10が 10 こで、100と かき、百と よみます。

90　100

100は、99より 1 大きい かずです。

① なんまい あるでしょうか。

きょうかしょ 51ページ①

10 10 10 10 10 10 10 10 10 10

　　まい

② □に かずを かきましょう。

きょうかしょ 53ページ②

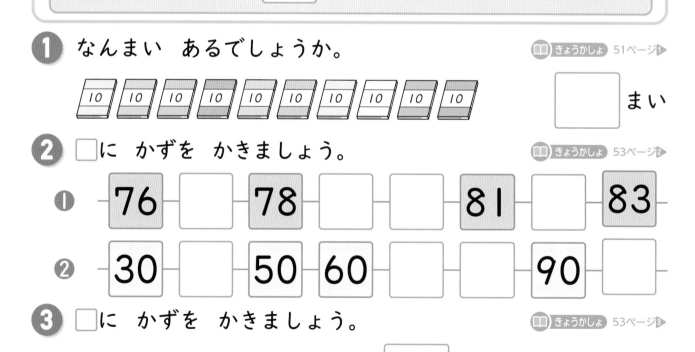

❶ 76 — □ — 78 — □ — □ — 81 — □ — 83

❷ 30 — □ — 50 — 60 — □ — □ — 90 — □

③ □に かずを かきましょう。

きょうかしょ 53ページ③

❶ 98より 2 大きい かずは 　　。

❷ 100より 1 小さい かずは 　　。

 さんすうはかせ 1が 10こ あつまると「10」という まとまりに なり、10が 10こ あつまると「100」という まとまりに なるよ。

★ なん本 ありますか。

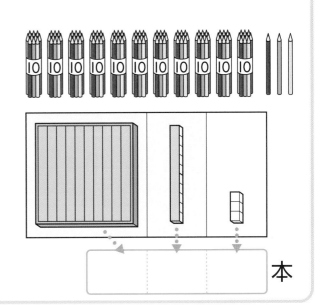

● 100と ☐ で、

☐ です。これを、

ひゃくじゅうさん

と よみます。

100より 13
大きい かずだね。

本

---

4 つぎの かずを かきましょう。

きょうかしょ 54ページ**1**

①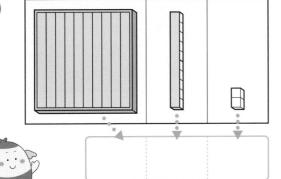

②

---

5 ☐に かずを かきましょう。

きょうかしょ 52〜55ページ

80	81	82	83	84		86	87	88	89
90	91		93	94	95	96	97		99
	101	102	103	104	105		107	108	109
110	111		113	114	115	116	117		119
120									

おうちのかたへ　100の意味、大きさを学んだ上で、120程度までの数を学習していきます。
基本的な考え方は100までの数と変わりません。

③ たしざんと ひきざん [その1]

きほんのワーク

もくひょう
大きい かずの
たしざんを しよう。

おわったら
シールを
はろう

きょうかしょ ⓉⓉ 55〜56ページ　こたえ 18ページ

きほん **1** 大きい かずの たしざんが できますか。

☆ まみさんは、いろがみを 30まい もっています。
おかあさんは 40まい もっています。
いろがみは、あわせて なんまいに なりますか。

しき　30+40= [　]

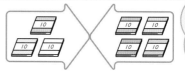

10の まとまりで
かんがえれば
いいね。

こたえ [　] まい

1 たしざんを しましょう。

きょうかしょ 55ページ▶

① 40+20= [　]　　② 10+70= [　]

③ 30+10= [　]　　④ 20+20= [　]

⑤ 70+10= [　]　　⑥ 40+60= [　]

⑦ 20+80= [　]　　⑧ 70+30= [　]

2 赤い おりがみが 60まい、青い おりがみが 40まい
あります。ぜんぶで なんまい ありますか。

きょうかしょ 55ページ**1**

しき [　　　　　　　　　　　　]　　こたえ [　] まい

さんすうはかせ　百より 大きな かずも あるよ。百が 10こで 千、千が 10こで 1万に なるよ。
しって いるかな。2ねんせいに なったら がくしゅうするよ。

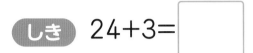 えんぴつが 24本 あります。
3本 もらうと、ぜんぶで なん本に なりますか。

しき 24+3=☐

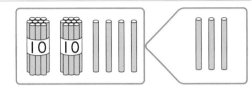

こたえ ☐ 本

10の まとまりと
ばらで
かんがえると…。

3 たしざんを しましょう。 きょうかしょ 56ページ②

① 32+1=☐

② 45+3=☐

③ 26+2=☐

④ 80+6=☐

⑤ 51+6=☐

⑥ 7+22=☐

⑦ 4+31=☐

⑧ 8+50=☐

⑨ 3+42=☐

⑩ 5+90=☐

4 子どもが 43人、おとなが 6人 います。あわせて
なん人に なりますか。 きょうかしょ 56ページ①

しき ☐

こたえ ☐ 人

③ たしざんと ひきざん ［その2］

もくひょう
大きい かずの
ひきざんを しよう。

おわったら
シールを
はろう

きほんのワーク

きょうかしょ ⑲ 57〜58ページ　こたえ 19ページ

きほん **1** 大きい かずの ひきざんが できますか。

☆ ゆうたさんは、いろがみを 70まい もっていました。
おとうとに 20まい あげました。
のこりは なんまいですか。

しき 70−20= ☐

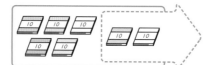

こたえ ☐ まい

10の まとまりで
かんがえると
7−2に なるね。

1 ひきざんを しましょう。

📖 きょうかしょ 57ページ②

① 50−30= ☐　　② 70−40= ☐

③ 80−30= ☐　　④ 60−20= ☐

⑤ 90−40= ☐　　⑥ 100−30= ☐

⑦ 100−50= ☐　　⑧ 100−20= ☐

2 シールが 100まい あります。40まい つかうと、
のこりは なんまいに なりますか。

📖 きょうかしょ 57ページ①

しき ☐

こたえ ☐ まい

 しきに 出てくる 「＝」の しるしは、イギリスの レコードと いう 人が
つかいはじめたんだって。

☆ おりがみが 47まい あります。5まい つかいます。
のこりは なんまいですか。

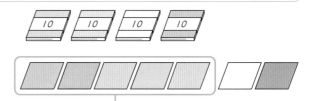

しき 47−5= ☐

こたえ ☐ まい

ばらから ひけば
いいね。

③ ひきざんを しましょう。

📖 きょうかしょ 58ページ**2**

① 59−4= ☐   ② 37−6= ☐

③ 78−7= ☐   ④ 95−3= ☐

⑤ 46−4= ☐   ⑥ 58−8= ☐

⑦ 33−3= ☐   ⑧ 66−6= ☐

⑨ 79−9= ☐   ⑩ 87−7= ☐

④ 赤_{あか}い おはじきが 28こ、青_{あお}い おはじきが 6こ
あります。ちがいは なんこですか。

📖 きょうかしょ 58ページ**4**

しき ☐

こたえ ☐ こ

おうちのかたへ 10のまとまりで計算できる（何十）−（何十）の計算と、（何十いくつ）−（いくつ）
の計算をします。「何十いくつ」を「何十」と「いくつ」と分けて考えます。

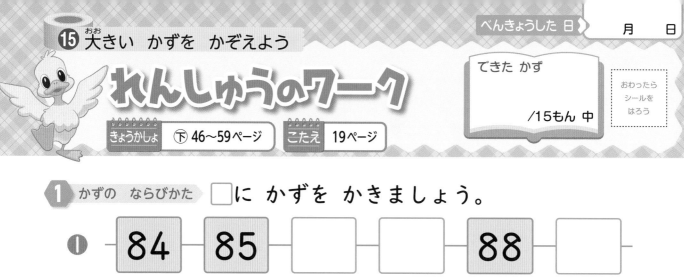

1 かずの ならびかた　□に かずを かきましょう。

❶ 84　85　□　□　88　□

❷ 50　□　□　47　46　□

❸ 59より 1 大きい かずは □。

❹ 90より 1 小さい かずは □。

❺ 97は、あと □ で 100。

❻ 110より 10 小さい かずは □。

2 かずの 大きさ　大きい ほうに ○を つけましょう。

❶ 58　56　　❷ 84　74　　❸ 101　99

3 大きい かずの けいさん　 40円 と 30円 で なん円ですか。

しき □

こたえ（　　　　　）

 できるナビ　❶❶は 1ずつ ふえていて、❷は 1ずつ へっているよ。
❸10の まとまりで かんがえよう。

まとめのテスト

じかん **20** ぷん

1 かずを かきましょう。　1つ10〔30てん〕

①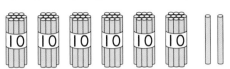

☐ **本**

②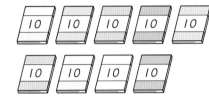

☐ **まい**

③

☐ **こ**

2 よくでる ☐に かずを かきましょう。　1つ10〔50てん〕

① 10が 4こと、1が 9こで ☐。

② 70は 10が ☐こ。

③ 十のくらいが 9、一のくらいが 7の かずは ☐。

④

100 ☐ 110 ☐ 120

3 けいさんを しましょう。　1つ5〔20てん〕

① 40＋6＝ ☐

② 83＋4＝ ☐

③ 68－5＝ ☐

④ 57－7＝ ☐

☐100より 大きい かずが わかったかな？
☐大きい かずの たしざん ひきざんが できたかな？

もくひょう

とけいの よみかた
（なんじなんぷん）を
しろう。

おわったら
シールを
はろう

なんじなんぷん

きほんのワーク

きょうかしょ 下 60〜62ページ　こたえ 19ページ

きほん ① とけいの よみかたが わかりますか。

☆ とけいを よみましょう。

・みじかいはりが
　7と 8の あいだ → 7じ
・ながい はりが 3 → 15ふん

□ じ □ ふん

みじかいはりで なんじ、
ながいはりで
なんぷんを よむんだね。

---

1 とけいを よみましょう。

📖 きょうかしょ 60ページ①

①

みじかいはりが
3と 4の あいだ
だから…。

（　　　　　　　　）

②

ながいはりの
2は 10ぷん
だから…。

（　　　　　　　　）

③

30ぷんの ことを
「はん」とも
いうね。

（　　　　　　　　）

④

（　　　　　　　　）

 1じかんは 60ぷん、1ぷんは 60びょう（どちらも このあとに ならうよ）。
びょうと ふん、じかんは 60ごとに いいかたが かわって いくんだね。

⭐ 下の とけいを よみましょう。

8じを すこし すぎました。

7じ □ ふん ➡ 7じ59ふん ➡ □ じ ➡ 8じ □ ぷん

ながいはりの 1めもりは 1ぷんだよ。

みじかいはりは どこを さして いるかな。

---

2 ── で むすびましょう。

📖 きょうかしょ 62ページ 2

| 3じ45ふん | 4じ50ぷん | 7:18 | 10:45 |

---

3 とけいを よみましょう。

📖 きょうかしょ 60〜62ページ

①

11じ5ふん かな？

②

6じの 5ふんまえ だね。

( )　( )

おうちのかたへ 時刻を何時何分まで読めるようにします。時計を正確に読めない子が多いので、日頃から時計を見ることを習慣づけるようにしましょう。

91

れんしゅうのワーク

べんきょうした 日　　月　日

きょうかしょ （下）60〜62ページ　こたえ 20ページ

できた かず

/10もん 中

おわったら
シールを
はろう

① とけいの よみかた　とけいを よみましょう。

❶ 　❷ 　❸

(　　　　　)(　　　　　)(　　　　　)

② ながい はり　ながい はりを かきましょう。

❶ １じ45ふん　　❷ ９じ20ぷん　　❸ ６じ３ぷん

③ なんじなんぷん　——で むすびましょう。

6:15　8:15　7:15　9:15

できる ナビ　はりの ある とけいの ほかに、デジタルの とけいも あるよ。いろいろな
とけいを よめるように なろう。

たすのかな ひくのかな ずに かいて かんがえよう [その1]

きほんのワーク

きほん 1 右に なんこ あるか わかりますか。

☆ ケーキが 10こ ならんでいます。シュークリームは 左から 4ばん目です。シュークリームの 右には なんこ ありますか。

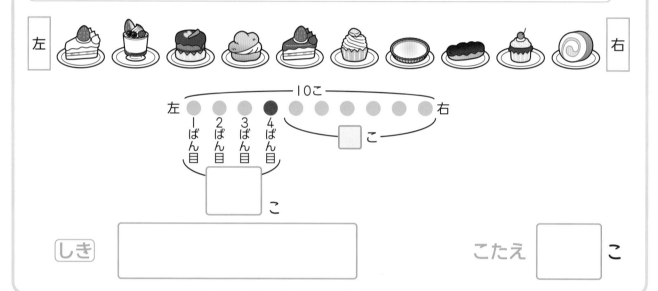

| しき | | こたえ | こ |

1 はんごとに ならんでいます。れなさんは まえから 4ばん目、うしろから 6ばん目です。みんなで なん人 いますか。

📖 きょうしょ 64ページ▶

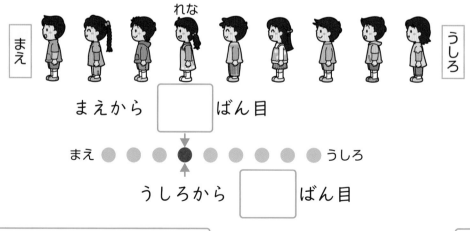

| しき | | こたえ | 人 |

さんすうはかせ　しきに 出でくる 「＝」の しるしは、イコールとも よむよ。この きごうが つかいはじめられた ころには 2本の せんは いまより もっと ながかったんだって。

☆ 5人が ボールを 1こずつ もっています。
　ボールは あと 2こ のこっています。
　ボールは ぜんぶで なんこ ありますか。

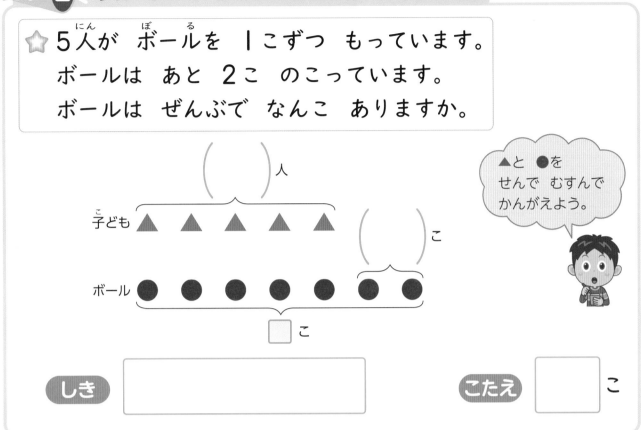

▲と ●を
せんで むすんで
かんがえよう。

子ども

ボール

□ こ

しき

こたえ ☐ こ

2 いすが 6こ あります。
　10人で しゃしんを とるとき、
　いすに すわれない 人は
　なん人ですか。

きょうかしょ 65ページ**2**
66ページ**1**

いすに すわれるのは
6人だね。

いす

子ども □ 人

( ) 人

しき

こたえ ☐ 人

おうちのかたへ　文章題を図に整理して考える学習をします。ちょっと難しそうな問題も、図にかくと理解しやすくなるので、どんどん図をかいてみるようにしましょう。

たすのかな　ひくのかな
ずに　かいて　かんがえよう ［その2］

きほんのワーク

もくひょう
かずの　ちがいや
わけられる　かずを
かんがえよう。

おわったら
シールを
はろう

きょうかしょ　下 67〜69ページ　　こたえ　20ページ

きほん 1 　かずの　ちがいを　ずに　かくことが　できますか。

☆ プリンを　7こ　かいました。ゼリーは　プリンより
5こ　おおく　かいました。ゼリーは　なんこ
かいましたか。

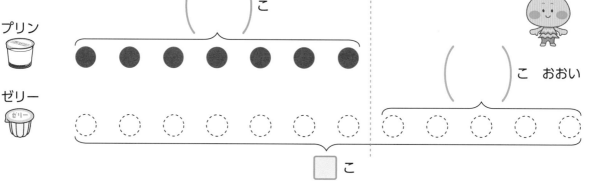

（　　　）こ

プリン

ゼリー

（　　　）こ　おおい

□こ

しき 　　　　　　　　　　　　　　　こたえ 　　　　こ

1 　みかんを　12こ　かいました。りんごは　みかんより　4こ
すくなく　かいました。りんごは　なんこ　かいましたか。

📖 きょうかしょ 68ページ ４**1**▶

（　　　）こ

□こ

（　　　）こ　すくない

しき 　　　　　　　　　　　　　　　こたえ 　　　　こ

さんすうはかせ 　さいころには　1から　6までの　しるしが　ある。1の　はんたいがわは　6、
2の　はんたいがわは　5、3の　はんたいがわは　4に　なっているよ。

⭐ 2人で おなじ かずに
なるように わけましょう。

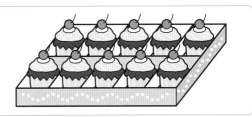

おさらに ○を かいて ケーキを わけましょう。

おさら

おさら

ケーキを
○で
あらわすよ。

☐ + ☐ = 10

2 3人で おなじ かずに なるように わけましょう。

📖 きょうかしょ 69ページ▶

りなさんと けんとさんは わけかたを ☐で
かこみました。つづきを かきましょう。

りな
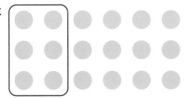

けんと

☐ + ☐ + ☐ = 18

おうちのかたへ 図に表して考えます。かけ算、わり算の考えのもととなる問題です。具体物を操作することで、理解を促してください。

れんしゅうのワーク

できた かず

／8もん 中

おわったら
シールを
はろう

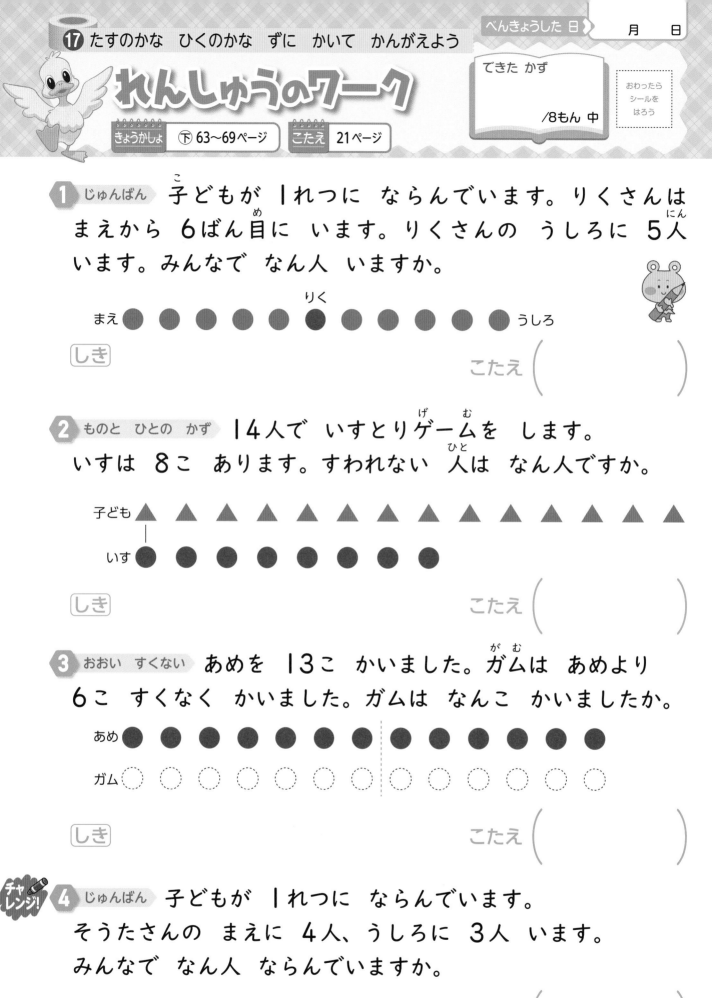

1 じゅんばん 子どもが 1れつに ならんでいます。りくさんは まえから 6ばん目に います。りくさんの うしろに 5人 います。みんなで なん人 いますか。

りく

まえ ● ● ● ● ● ● ● ● ● ● うしろ

しき　　　　　　　　　　　　　　　　こたえ (　　　　　　　　　)

2 ものと ひとの かず 14人で いすとりゲームを します。 いすは 8こ あります。すわれない 人は なん人ですか。

子ども ▲ ▲ ▲ ▲ ▲ ▲ ▲ ▲ ▲ ▲ ▲ ▲ ▲ ▲

いす ● ● ● ● ● ● ● ●

しき　　　　　　　　　　　　　　　　こたえ (　　　　　　　　　)

3 おおい すくない あめを 13こ かいました。ガムは あめより 6こ すくなく かいました。ガムは なんこ かいましたか。

あめ ● ● ● ● ● ● ● ┆ ● ● ● ● ● ●

ガム ○ ○ ○ ○ ○ ○ ○ ┆ ○ ○ ○ ○ ○ ○

しき　　　　　　　　　　　　　　　　こたえ (　　　　　　　　　)

チャレンジ! **4** じゅんばん 子どもが 1れつに ならんでいます。 そうたさんの まえに 4人、うしろに 3人 います。 みんなで なん人 ならんでいますか。

しき　　　　　　　　　　　　　　　　こたえ (　　　　　　　　　)

できる ナビ ぶんしょうの もんだいは ぶんしょうを よく よもう。それから、
●などを つかって ずに あらわして みると いいよ。

まとめのテスト

きょうかしょ ⊤ 63〜69ページ　こたえ 21ページ

じかん 20 ぷん

とくてん /100てん

おわったら シールを はろう

1 赤い はなが 6本 あります。きいろい はなは 赤い はなより 5本 おおいです。きいろい はなは なん本 ありますか。

1つ8〔32てん〕

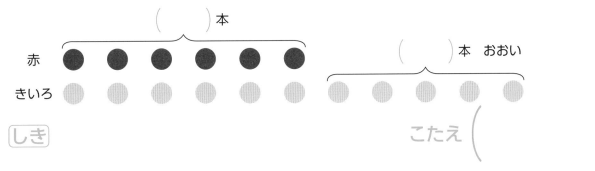

しき

こたえ（　　　　　　）

2 5人の 子どもが けんばんハーモニカを ふいています。けんばんハーモニカは、あと 4こ あります。けんばんハーモニカは、ぜんぶで なんこ ありますか。

1つ8〔32てん〕

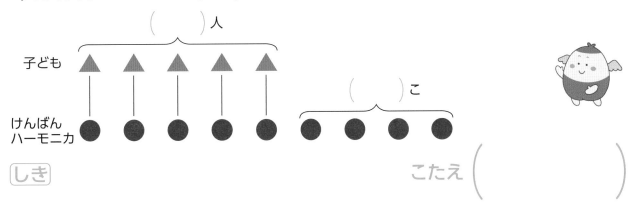

しき

こたえ（　　　　　　）

3 よくでる こうていで 子どもが 15人 ならんでいます。ひなさんは まえから 8ばん目に います。ひなさんの うしろには なん人 いますか。

1つ9〔36てん〕

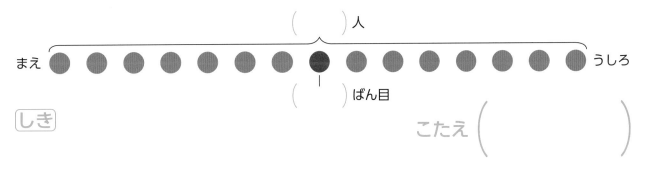

しき

こたえ（　　　　　　）

チェック ✓ □ もんだいを ずに あらわして かんがえることが できたかな？
□ かずの ちがいや ならびかたを かんがえることが できたかな？

かずしらべ

きほんのワーク

もくひょう

かずを せいりして かんがえてみよう。

おわったら シールを はろう

きょうかしょ ⏷ 72〜73ページ　こたえ 21ページ

きほん ①　せいりして かんがえることが できますか。

☆ りくさんは おりがみで かみひこうきを つくっています。

月よう日

火よう日

水よう日
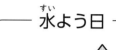

木よう日

金よう日
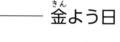

月よう日と 火よう日は なんこ つくりましたか。

月よう日 ☐ こ　　火よう日 ☐ こ

① 上の もんだいを 見て こたえましょう。　📖 きょうかしょ 72ページ①

◯ ☐に かずを かきましょう。

水よう日 ☐ こ

木よう日 ☐ こ

金よう日 ☐ こ

② おった かずだけ いろを ぬりましょう。

月よう日	火よう日	水よう日	木よう日	金よう日

おうちのかたへ　2年生の表やグラフの学習の入り口となる学びです。整理して考えることで、数の多い、少ないがわかりやすくなります。

まとめのテスト

とくてん

／100てん

おわったら
シールを
はろう

きょうかしょ　下 72〜73ページ　こたえ　21ページ

1 まなみさんの クラスでは あきかんを あつめています。まなみさんが こんしゅう なんこ あつめたか、つぎの えを 見て かんがえましょう。

1つ10〔100てん〕

月よう日

火よう日

水よう日

木よう日

金よう日

❶ それぞれの よう日に あつめた かんの かずを かきましょう。

月よう日 ☐ こ　　火よう日 ☐ こ

水よう日 ☐ こ　　木よう日 ☐ こ

金よう日 ☐ こ

❷ あつめた かんの かずだけ いろを ぬりましょう。

❸ いちばん おおいときと いちばん すくないときの ちがいは なんこですか。

☐ こ

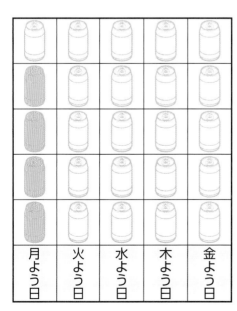

月よう日　火よう日　水よう日　木よう日　金よう日

チェック ✓

☐ せいりすることが できたかな？
☐ おおい ものと すくない ものが わかったかな？

まとめのテスト①

じかん
20
ぷん

きょうかしょ ⊤ 74〜76ページ　こたえ 22ページ

とくてん

/100てん

おわったら
シールを
はろう

1 よくでる □に かずを かきましょう。　　　　1つ4〔20てん〕

① 10が 8こと、1が 3こで □ 。

② 67は 10を □ こと、1を □ こ あわせた かず。

③ 10が □ こで 100。

④ 109より 1 大きい かずは □ 。

2 □に かずを かきましょう。　　　　1つ5〔40てん〕

① 76 77 □ 79 □ □

② 115 □ 117 118 □ 120

③ 60 □ 80 90 □ □

3 よくでる 赤い いろがみが 13まい、青い いろがみが
6まい あります。　　　　1つ10〔40てん〕

① あわせて なんまい ありますか。

しき　　　　　　　　　　　　　こたえ (　　　　　)

② ちがいは なんまいですか。

しき　　　　　　　　　　　　　こたえ (　　　　　)

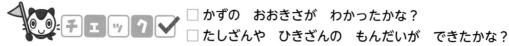

□ かずの おおきさが わかったかな？
□ たしざんや ひきざんの もんだいが できたかな？

102

まとめのテスト❷

きょうかしょ ⑦ 77〜79ページ　　こたえ 22ページ

じかん **20** ぷん

とくてん

／100てん

おわったら シールを はろう

1 けいさんを しましょう。

1つ5〔50てん〕

① 5＋9＝ ⬜

② 8＋0＝ ⬜

③ 9−3＝ ⬜

④ 16−9＝ ⬜

⑤ 13＋4＝ ⬜

⑥ 13−6＝ ⬜

⑦ 6＋42＝ ⬜

⑧ 57−2＝ ⬜

⑨ 20＋60＝ ⬜

⑩ 80−80＝ ⬜

2 ながい じゅんに かきましょう。

1つ4〔20てん〕

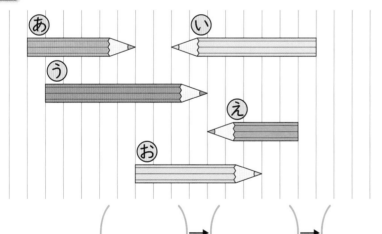

←→ いくつ ぶんかで かぞえれば いいね。

( )→( )→( )→( )→( )

3 よくでる なんじなんぷんですか。

1つ10〔30てん〕

①

②

③

( )　　( )　　( )

 チェック ✔ □ たしざんや ひきざん、ながさくらべが できたかな？
□ とけいの よみかたが わかったかな？

ふろくの「計算れんしゅうノート」28〜29ページを やろう！

まなびのワーク

おもいどおりに
うごかしてみよう

おわったら
シールを
はろう

きょうかしょ ⊤ 80〜81ページ　　こたえ 22ページ

きほん ① すじみちを たてて かんがえることが できますか。

☆ めいれいカードを ならべて、こまを うごかします。

★下のように カードを
ならべると、🍎に
すすみます。

ぜんぶで

□ ほ すすみます。

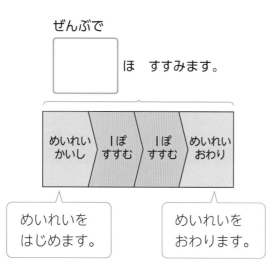

|めいれい かいし|1ぽ すすむ|1ぽ すすむ|めいれい おわり|

めいれいを
はじめます。

めいれいを
おわります。

カードを ならべて、🥛まで すすめる めいれいは
ⓐと ⓘの どちらですか。

ⓐ

ⓘ

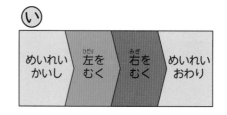

（　　　　　）

おうちのかたへ　その他のたべものの所にいく命令を考えて、こまをうごかしてみましょう。

教科書ワーク

こたえとてびき

「こたえとてびき」は、とりはずすことができます。

学校図書版
さんすう **1** ねん

つかいかた

まちがえた問題は、もういちどよく読んで、なぜまちがえたのかを考えましょう。正しい答えを知るだけでなく、なぜそうなるかを考えることが大切です。

---

① 10までの かず

2・3ページ きほんのワーク

きほん1

❶	● ○○○○	いち	1 1 1
❷	●● ○○○	に	2 2 2
❸	●●● ○○	さん	3 3 3
❹	●●●● ○	し(よん)	4 4 4
❺	●●●●●	ご	5 5 5

❶
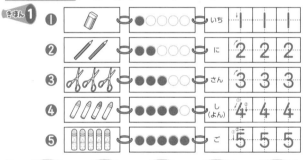
| 1 | 3 | 4 | 5 | 2 |

きほん2
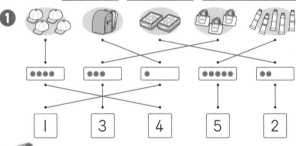

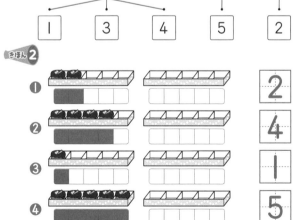

❶	2
❷	4
❸	1
❹	5
❺	3

てびき 1から5までの数字の数え方、書き方をしっかり押さえましょう。楽しみながら、読んだり、数えたり、書いたりしてください。

❷

❶ 2　❷ 4　❸ 5

❹ 4　❺ 1　❻ 3

4・5ページ きほんのワーク

きほん1

❶	●●●●● ○○○○	ろく	6 6 6
❷	●●●●● ○○○○	しち(なな)	7 7 7
❸	●●●●● ○○○	はち	8 8 8
❹	●●●●● ○	く(きゅう)	9 9 9
❺	●●●●● ●●●●●	じゅう	10 10 10

❶
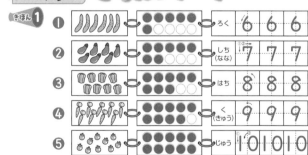

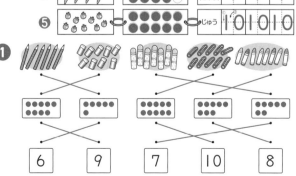

| 6 | 9 | 7 | 10 | 8 |

1

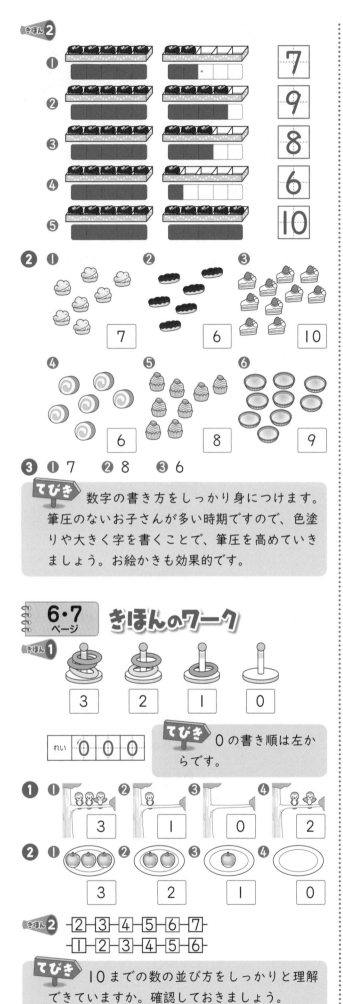

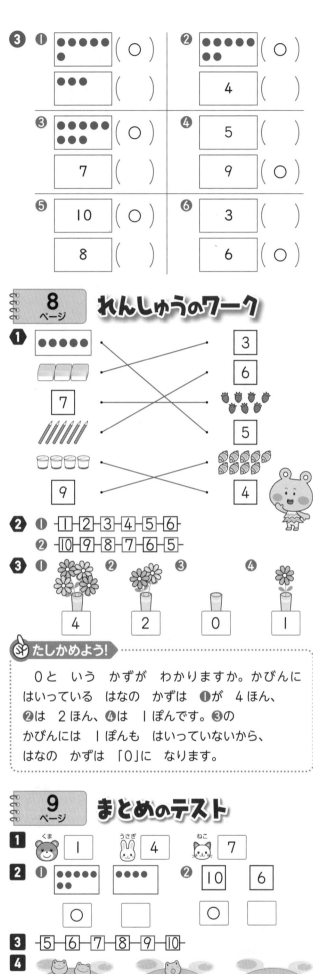

② いくつと いくつ

きほんのワーク

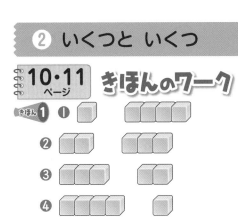

きほん1

❶ | 1 | と | 4 |

❷ | 2 | と | 3 |

❸ | 3 | と | 2 |

❹ | 4 | と | 1 |

❶

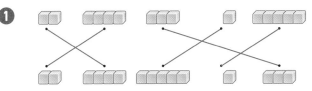

❷ ❶ 5は 2と | 3 | ❷ 6は 4と | 2 |

❸ 5は |と | 4 | ❹ 6は | 3 |と 3

きほん2

⊡	∷	⫶∶	∷∶	∷∷	▥∶
1	2	3	4	5	6

| 6 | 5 | 4 | 3 | 2 | 1 |

てびき 7という数は「1と6」「2と5」「3と4」「4と3」「5と2」「6と1」と見ることができます。このように、7という数を2と5を合わせた数と見るような場合を**合成**といいます。逆に7を2と5に分けて見るような場合を**分解**といいます。分解的な見方と合成的な見方は、表裏の関係になっており、これから学ぶたし算・ひき算の基礎になります。

(合成) 7 → 2と5 (分解)

❸ ❶ | 1 |と | 7 | ▷▷▷▷▷▷▷▷

❷ | 2 |と | 6 | ❸ | 3 |と | 5 |

❹ | 4 |と | 4 | ❺ | 5 |と | 3 |

❻ | 6 |と | 2 | ❼ | 7 |と | 1 |

❹ | 1 | 3 | 6 | 7 | 8 | 2 | 5 | 4 |

| 6 | 8 | 2 | 3 | 1 | 4 | 5 | 7 |

てびき 5から9までの数の合成・分解を正しく理解しているかどうかを確かめておきましょう。

きほんのワーク

きほん1

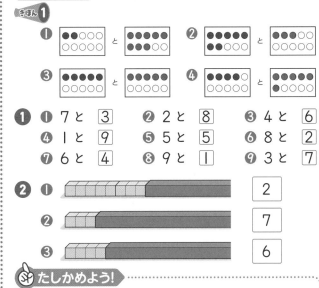

❶ ●●○○○ と ●●●●●

❷ ●●○○○ と ●●●○○

❸ ●●●●○ と ●●●○○

❹ ●●●○○ と ●○○○○

❶ ❶ 7と | 3 | ❷ 2と | 8 | ❸ 4と | 6 |

❹ |と | 9 | ❺ 5と | 5 | ❻ 8と | 2 |

❼ 6と | 4 | ❽ 9と | 1 | ❾ 3と | 7 |

❷ ❶ | 2 |

❷ | 7 |

❸ | 6 |

✋ たしかめよう!

みえて いる ぶろっくの かずを かぞえて、あと いくつで 10こに なるかを かんがえます。❶は、ぶろっくが 8こ みえて います。8は あと 2で 10に なるから、かくれて いるのは 2こに なります。

まとめのテスト

1 ❶ 7は 2と | 5 | ❷ 8は 3と | 5 |

❸ 6は 4と | 2 | ❹ 9は 5と | 4 |

てびき 問題の下に○の図がつけてあります。理解しにくいお子さんには、「○に色を塗って考えてごらん。」とアドバイスしてください。たとえば❶は 7つのうちの2つに色を塗り(●●○○○○○)、残りの数を考えてみましょう。

2 | 4 | 5 | 9 | 2 | 7 |

| 5 | 6 | 8 | 3 | 1 |

3 ❶ 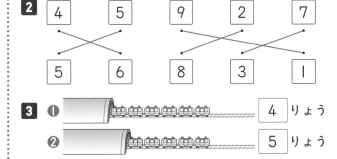 | 4 | りょう

❷ | 5 | りょう

❸ | 8 | りょう

✋ たしかめよう!

でんしゃの かずを かぞえて、あと いくつで 10に なるかを かんがえます。❶は、とんねるの そとに 6りょう あって、あと 4りょうで 10りょうに なります。

③ なんばんめかな

14・15ページ きほんのワーク

きほん① ① まえから 4にん。

② まえから 4にんめ。

③ うしろから 5にんめ。

① ① まえから 3だい。

② まえから 3だいめ。

③ うしろから 4だい。

④ うしろから 4だいめ。

きほん② ① （うえ・した） ② 2

② ① 6 　② 2、2

③ 2、2 　④ した

16ページ れんしゅうのワーク

① ① うえから 2ひきめの 🦋

② したから 2ひきの 🦋

③ みぎから 5つめの 🌼

④ ひだりから 4つの 🌼

② ① 😊 みお さんの まえには 3 にん います。

② 😊 みお さんは まえから 4 にんめです。

③ 😊 はると さんの うしろには 4 にん います。

④ 😊 はると さんは うしろから 5 にんめです。

17ページ まとめのテスト

❶ ① けんとさんは まえから 3 にんめです。

② れなさんは うしろから 5 にんめです。

---

2 ひだり 🌸🌸🌸🌸🌸🌸🌸 みぎ

3 ひだり 🌸🌸🌸🌸🌸🌸🌸 みぎ

4
うえ ✏️	① ぼうしは うえから
📒	4 ばんめです。
☂️	② かさは したから
🧢 した	2 ばんめです。

☞ たしかめよう!

4 の もんだいの えを みて、べつの
いいかたも してみよう。えんぴつは、うえから
1ばんめで、したから 4ばんめに なるね。
のうとは、うえから 2ばんめで、したから
3ばんめに なるね。
ぼうしは、したからだと なんばんめと いえば
いいかな。かさは うえから なんばんめと
いえるかな。おなじ もんだいでも たくさん
かんがえられて おもしろいね。

④ あわせて いくつ ふえると いくつ

18・19ページ きほんのワーク

きほん① ① あわせて 5こ 　② あわせて 4ひき

① ① あわせて 4ほん 　② あわせて 5ほん

③ あわせて 7ひき 　④ あわせて 6わ

きほん② しき 2+3=5 　　こたえ 5こ

□+□=

② ① しき 4+3=7 　　こたえ 7わ

② しき 4+4=8 　こたえ 8ぽん

③ ① しき 2+3=5 　こたえ 5ひき

② しき 1+3=4 　こたえ 4ひき

 てびき

たし算(加法)の学習は、まず「合わせて
いくつ」から学びます。下の絵のように、同時
に存在する2つの量を合
わせた大きさを求める場
合を「合併」といいます。

合併では2つの物が対等に扱われます。算数
ブロックやおはじきの操作では、両手で左右か
らひき寄せるよう
な操作になります。

問題の絵を見て、「ひよこが4羽と3羽、合
わせて7羽になるね。」というように、言葉で説
明してみると、理解が進みます。

きほん1 ❶ いれると ③びき ❷ ふえると ④わ

❶ ❶ もらうと ④こ ❷ ふえると ⑦わ

❸ もらうと ⑥こ ❹ ふえると ⑧ぴき

きほん2 しき ③＋②＝⑤ こたえ ⑤だい

❷ ❶ しき ④＋⑤＝⑨ こたえ ⑨ひき

❷ しき ⑦＋③＝⑩ こたえ ⑩こ

❸ ❶ 2＋1＝③ ❷ 4＋1＝⑤

❸ 4＋2＝⑥ ❹ 5＋3＝⑧

❺ 1＋9＝⑩ ❻ 3＋3＝⑥

てびき 「増えるといくつ」もたし算で表せます。
「りんごが３個あって、後から１個もらうと何
個になりますか。」というように、初めにある数
量に追加したときの大きさを求める場合を「増
加」といいます。

　合併では、２つの物が対等に扱われ、算数ブ
ロックの操作では両手で左右からひき寄せたの
に対し、増加では、先にある物に、別の物が加
わるような操作となります。
図のように、片手で一方から
寄せる動きをイメージするとよいでしょう。

　合併と増加を、単に「合わせて」「ぜんぶで」「増
えると」という言葉で区別するのではなく、具
体物の操作を通して体感しておくと、今後の学
習に役立ちます。

❹ 5＋2 ④＋2 ③＋3 3＋4

きほん1 ❶ 2＋1＝③ ❷ 3＋0＝③

❶ まみ 0＋2＝②

❷ ❶ 2＋0 ❷ 0＋0

てびき ０にある数をたすと、ある数になること、
ある数に０をたしても数はかわらないことを理
解しましょう。０のたし算の意味をうまくつか
めないお子さんが多いので、０を想像しやすい
玉入れの場面を設定しています。玉が１つも入
らなかったときが０であることを押さえましょ
う。

❶ ❶ 3＋4＝⑦ ❷ 1＋8＝⑨

❸ 4＋2＝⑥ ❹ 6＋4＝⑩

❺ 5＋5＝⑩ ❻ 3＋6＝⑨

❼ 7＋2＝⑨ ❽ 2＋8＝⑩

❾ 9＋0＝⑨ ❿ 0＋0＝⑩

❷ 3＋3 ②＋5 4＋2 ①＋6

❸ しき ④＋③＝⑦ こたえ ⑦こ

❹ しき ⑥＋③＝⑨ こたえ ⑨だい

☞ たしかめよう！

　どんな ばめんの おはなしか わかったかな？
しきを かく まえに どんな ばめんかを
かんがえて みよう。えに かいて みると いいよ。

---

⑤ のこりは いくつ ちがいは いくつ

きほん1 ❶ のこりは ④こ

❷ のこりは ⑤ほん

❶ ❶ 3にん かえると ③にん

❷ 2こ たべると ⑤こ

❸ 4まい つかうと ④まい

❹ 3わ とんでいくと ②わ

てびき ひき算のお話を読んで、場面を理解する
ことが大切です。式に表す前に、場面をイメー
ジできているかどうかを確かめましょう。

きほん2 しき ⑤－②＝③ こたえ ③だい
－

❷ しき ⑥－②＝④ こたえ ④ひき

❸ しき ⑧－⑤＝③ こたえ ③こ

てびき ひき算は、たし算に比べてつまずきが多
く見られます。「－」の前と後の数の関係をしっ
かり理解しましょう。25 ページには、問題の
そばにブロック図を示してあります。これは、
計算のフォローをするという意味だけでなく、
問題文の場面を、図でイメージする目的があり
ます。こうした図がない場合でも、下のように
自分で図に表して考える習慣を身につけておく
と理解が深まります。

❷6－2＝4 を表すと…

きほんのワーク

きほん1 しき 10−3＝7　　　　　　こたえ 7 こ

❶ しき 10−6＝4　　　　　　　こたえ 4 こ

❷ ❶ 10−5＝5
　 ❷ 10−2＝8
　 ❸ 10−6＝4
　 ❹ 10−4＝6
　 ❺ 10−7＝3
　 ❻ 10−1＝9

きほん2 1まい だすと 4−1＝3
　　　 2まい だすと 4−2＝2
　　　 4まい だすと 4−4＝0
　　　 1まいも だせないと 4−0＝4

> **てびき** 0のひき算の意味を理解できないお子さんが多く見られます。0をひくということ自体がピンとこない場合が多いので、例のようにトランプのカードを出す場面を設定しています。
> 1枚も出せない＝0枚出す、ということを、しっかり押さえましょう。

❸ ❶ 1こ たべると 3−1＝2
　 ❷ 3こ たべると 3−3＝0
　 ❸ 1こも たべないと 3−0＝3

❹ ❶ 6−6＝0
　 ❷ 2−2＝0
　 ❸ 8−8＝0
　 ❹ 5−0＝5
　 ❺ 9−0＝9
　 ❻ 0−0＝0

> **てびき** a−a＝0、a−0＝a、0−0＝0です。

きほんのワーク

きほん1 しき 7−3＝4　　こたえ 4 ひき おおい

> **てびき** 違いを求める場合も、ひき算の式に表せることを押さえましょう。

❶ しき 6−4＝2　　　　こたえ 2 こ すくない

❷ しき 5−3＝2
　　　　　　こたえ くれよん が 2 ほん すくない

きほん2 しき 8−5＝3　　　　　こたえ 3 つ

❸ しき 7−6＝1　　　　　こたえ 1 ぽん

❹ 5−4　　(6−3)　　7−2　　(4−1)

> **てびき** 小さな紙に式を書き、計算カードをつくって遊ぶと計算力がアップします。同じ答えになるカードを集めたり、クイズのように問題を出し合い、カード取りゲームをするなどして、遊びながら計算に強くなることができます。

れんしゅうのワーク

❶ しき 7−3＝4　　　　　　こたえ 4 にん

❷ ❶ しき 7−4＝3　　　　　こたえ 3 だい
　 ❷ しき 10−6＝4　　　　こたえ 4 こ

❸ 🐰🐰(🐰🐰🐰)→

〔れい〕 うさぎが 5ひき います。3びき かえりました。うさぎは なんびきに なりましたか。

> ☞ **たしかめよう！**
> うさぎの でてくる おはなしで 5−3の しきに なる ものを かんがえます。

まとめのテスト

1 ❶ 3−1＝2　　　　　❷ 0−0＝0
　　❸ 6−2＝4　　　　　❹ 9−7＝2
　　❺ 4−3＝1　　　　　❻ 5−4＝1
　　❼ 8−0＝8　　　　　❽ 10−3＝7
　　❾ 7−6＝1　　　　　❿ 10−8＝2

2 (5−1)　9−4　(8−4)　10−7

3 しき 8−3＝5　　　　　こたえ 5 こ

4 しき 6−4＝2　　こたえ 2 ひき おおい

> **てびき** 「ちがいは いくつ」を求めるひき算を**求差**といいます。求差は、初めに学んだ**求残**（のこりは いくつ）に比べて、理解がしにくいといわれます。ブロックを使ったり、自分で○をかいたりして考えるなど、工夫してみましょう。

⑥ いくつ あるかな

32 ページ **きほんのワーク**

きほん❶

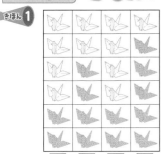

てびき ２年生で学習する表とグラフにつながる内容です。バラバラなものを整理してみると数量を把握しやすくなることを確認しましょう。

❶ ❶ もく（ようび）
　❷ か（ようび）
　❸ げつ（ようびと）　すい（ようび）

33 ページ **まとめのテスト**

❶ ❶

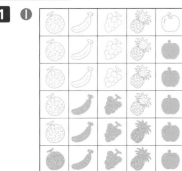

　❷ 3（ぼん）
　❸ りんご
　❹ めろん
　❺ ばなな（と）
　　ぶどう

⑦ 10より おおきい かずを かぞえよう

34・35 ページ **きほんのワーク**

きほん❶

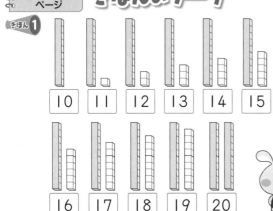

❶ ❶ 13　　❷ 15　　❸ 20

🌱 たしかめよう!

❷ 10この いちごを ◯で かこんで かんがえます。10と 5で 15に なります。
❸ 2、4、6、8、10と かぞえます。10の まとまりが 2つ あるから 20に なります。

❷ ❶ 16こ　❷ 15ほん　❸ 20こ

きほん❷ ❶ 10と 3で 13。　❷ 16は 10と 6。
❸ ❶ 10と 5で 15。　❷ 10と 7で 17。
　❸ 12は 10と 2。　❹ 15は 10と 5。

36・37 ページ **きほんのワーク**

きほん❶

❶ 🐰 13　　　❷ 🐢 18

❶ ❶ 9 ⟨13⟩　　❷ ⟨15⟩ 14
　❸ ⟨17⟩ 15　　❹ 18 ⟨20⟩

❷ ❶ 11－12－13－14－15－16－17
　❷ 14－15－16－17－18－19－20
　❸ 8－10－12－14－16－18－20

てびき ❸は、8、10、12、…と 2ずつ増えています。

きほん❷ ❶ 13　❷ 18
❸ ❶ 14　❷ 12　❸ 16

てびき 数直線を使って考えるとよいでしょう。
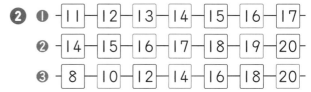

❹ ❶ 12　❷ 12

てびき ❶ チョキで勝つと2進めるから、10にいたまみさんは12に進めます。
❷ パーで勝つと3進めるから、9にいたりくさんは12に進めます。

38・39 ページ **きほんのワーク**

きほん❶ ❶ 14は 10と 4です。
❷ 10に 4を たした かず。10+4=14
❸ 14から 4を ひいた かず。
　14-4=10
❶ ❶ 10+6=16　　❷ 16-6=10

② ❶ 10+3=□13□ ❷ 10+8=□18□
❸ 10+1=□11□ ❹ 11−1=□10□
❺ 18−8=□10□ ❻ 13−3=□10□

てびき 10+いくつ、10いくつ−いくつ＝10の計算です。2けたの数を10といくつと考えることができているかどうかを確認してください。ここでつまずくと、くり上がり、くり下がりの理解ができません。理解がしにくい場合は、具体物や数直線を使ってみましょう。

きほん2 しき □13□+□2□=□15□ こたえ □15□こ
3 しき □15□−□3□=□12□ こたえ □12□まい
4 ❶ 12+3=□15□ ❷ 11+5=□16□
❸ 15+3=□18□ ❹ 14+1=□15□
❺ 14−2=□12□ ❻ 18−3=□15□
❼ 17−5=□12□ ❽ 16−1=□15□

40ページ きほんのワーク

きほん1 □20□と□5□
　　　　　□25□

① ❶ □20□と□7□　　　　❷ □30□と□3□
　　　　□27□　　　　　　　　　□33□

②

にち	げつ	か	すい	もく	きん	ど
1	2	3	4	5	6	7
8	9	10	11	12	13	14
15	16	17	18	19	20	21
22	23	24	25	26	27	28
29	30	31				

てびき カレンダーなど、身のまわりにある数字に注目してみましょう。カレンダーでは右にいくと数が1ずつ増えています。下にいくと7増えます。右斜め下にいくと8増え、左斜め下にいくと6増えています。大人にとっては当たり前のことも、1年生にとっては大発見です。カレンダーを見ていて、お子さんが数の並び方の秘密に気づいたら、大いにほめてあげましょう。

41ページ まとめのテスト

1 ❶ □14□こ　❷ □12□こ　❸ □15□ほん

2 ❶ [16]—[17]—[18]—[19]—[20]
❷ [15]—[14]—[13]—[12]—[11]
❸

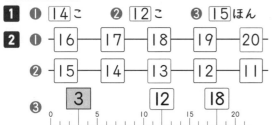

3 ❶ 13 ⑮　　❷ ⑳ 14
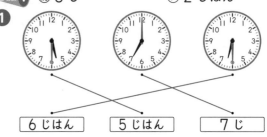

4 ❶ 10+9=□19□ ❷ 14+5=□19□
❸ 17−7=□10□ ❹ 19−4=□15□

8 なんじ なんじはん

42・43ページ きほんのワーク

きほん1 あ 8じ　　　　い 2じはん

①

6じはん　　5じはん　　7じ

② ❶ 3じ
❷ 3じはん
❸ 4じ

てびき まずは何時、何時半を読めるようにしましょう。この時期から何時何分まで読めるお子さんも多く見られる一方で、まったく時計を読めないお子さんも多いものです。お子さんの興味にあわせて、何時何分まで読めるようにしてもよいでしょう。

きほん2 ❶ 　❷

3 ❶ 　❷

❸ 　❹

てびき 「何時」のときには長針が12を指すこと、「何時半」のときには長針が6を指すことを理解できているか確かめてください。置き時計などを使い、時計の針をあわせてみると、理解が進みます。「何時」のときには短針が「●時」の数字部分を指していること、「何時半」のときには短針が数字と数字の間にきていることも確認しておきましょう。

④ ⓘ

てびき 「何時半」の時計を読むときは、「何時」を読み間違えることがよくあります。

たとえばこのⓘでは、短針が1と2の間にあるから「1時半」なのか「2時半」なのか迷うケースが多くあります。

単純に「小さい方の数字を読むんだよ」と伝えてもよいのですが、時計の動き方を確認しながら、「短い針は1を通りすぎて、まだ2になっていないね。だからまだ2時じゃなくて、1時なんだよ。」のように、理由をつけて伝えるとより理解しやすいでしょう。

44ページ れんしゅうのワーク

❶ ❶ 6じ　　❷ 10じはん
❸ 2じはん

❷ ❶ 　　❷

❸ 　　❹

❺ 　　❻

たしかめよう!

「なんじ」は　ながい　はりが　12を　さします。
「なんじはん」は　ながい　はりが　6を　さします。

てびき 時計の針をかくのは、1年生にとって大変高度な学習です。少しずれていても、12と6を指しているという意識があれば正解にしてあげてください。❺❻は、長針だけでなく短針もかきます。❺の8時は表せても、❻の9時半は難しいでしょう。表せない場合は、おうちの方が一緒にかいてあげましょう。その際、「短い針はどこにかけばいいかな?」と問いかけ、「9時半だから9と10の間」という言葉を引き出してください。

45ページ まとめのテスト

１ ❶ 4じはん　　　　❷ 9じ
❸ 11じ　　　　　❹ 6じはん

てびき 時計の横にイラストをつけてあります。2年生で学習する午前・午後につなげたり、時間の正しい感覚を身につけたりするためにも、イラストを見て、何をしているところかな、外で遊んでいるのが4時半だな(❶)、夜の9時は寝る頃だな(❷)というように、場面を想像してみましょう。

２ ❶ 　　❷

てびき 44ページのれんしゅうのワークをやっておけばできる問題です。テストの場合は大人が手出しをせず、自分の力で取り組むのを見守りましょう。

３ ⓐ

てびき 時計の単元は、学校での学習時間も少ないため、家庭でのフォローが大切です。朝起きたとき、出かけるときなどに時計をチェックして、毎日の生活の中で時計を見る機会を増やしましょう。

⑨ かたちあそび

46・47ページ きほんのワーク

きほん❶

❶

  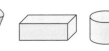

9

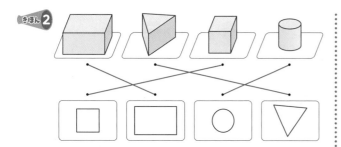

② あ、う

③ あ、い、え

48ページ れんしゅうのワーク

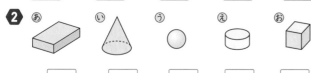

49ページ まとめのテスト

1
| ⬛ の なかま | 🛢 の なかま | ⚪ の なかま |
| あ、え、き | い、う、く | お、か、け |

2 ① ⚪ [う]　② ▭ [あ]　③ ⬛ [い]

3 （ い、え ）

⑩ たしたり ひいたり してみよう

50・51ページ きほんのワーク

きほん1 しき 7+3+2＝12　　こたえ 12まい

① しき 5+5+4＝14　　こたえ 14こ

② ① 6+4+2＝12　　② 8+2+1＝11

③ 9+1+3＝13　　④ 3+7+6＝16

てびき　①6+4の答えの10に2をたして、12と考えます。3つの数の計算も、前から順番に計算すればできることを押さえましょう。

きほん2 しき 8−3−2＝3　　こたえ 3こ

てびき　8−3の答えの5から2をひいて3と考えます。「8ひく3は5、5ひく2は3」のように声に出してみましょう。

③ しき 7−2−1＝4　　こたえ 4ひき

④ ① 10−3−1＝6

② 10−2−3＝5

③ 10−3−2＝5

④ 12−2−5＝5

てびき　①10−3の答えから1をひきます。10−3＝7、7−1＝6というように、前から順番に計算します。

② 10−2＝8、8−3＝5

③ 10−3＝7、7−2＝5

④ 12−2＝10、10−5＝5

と考えます。

52ページ きほんのワーク

きほん1 しき 10−5+3＝8　　こたえ 8わ

👉 たしかめよう！

はじめに 10わ いて、5わ とんでいって、あとから 3わ きたから、いま きの ところには 10−5+3で 8わ いることに なります。

① しき 5+2−3＝4　　こたえ 4こ

② ① 5−3+3＝5

② 10−6+2＝6

③ 6+2−5＝3

④ 4+6−5＝5

てびき　前から順に計算します。

① 5−3＝2、2+3＝5

② 10−6＝4、4+2＝6

③ 6+2＝8、8−5＝3

④ 4+6＝10、10−5＝5

と考えます。

53ページ まとめのテスト

1 しき 10−2−3＝5　　こたえ 5こ

2 しき 3+1−2＝2　　こたえ 2ひき

3 ① 5+5+4＝14

② 8+2+7＝17

③ 19−9−2＝8

④ 10−4−3＝3

⑤ 14−4+5＝15

⑥ 1+9−6＝4

54・55 ページ きほんのワーク

きほん① ❶ 10を つくるには、9と あと 1。

❷ 3を 1と 2 に わける。

❸ 9に 1を たして 10。

❹ 10と 2で 12。

たしかめよう!

9は あと 1で 10に なる ことを
つかって こたえが 10より おおきい
たしざんを します。10の まとまりと ばらが
いくつに なるかを かんがえます。
ずを つかうと わかりやすいです。

❶ ❶ $9+5=14$ ・9に 1を たして 10。
   10 ① ④   10と 4で 14。

❷ $9+4=13$ ・9に 1を たして 10。
   10 ① ③   10と 3で 13。

てびき 9+(1けた)では、+の後の数を「1と
いくつ」に分けて計算します。下の図のように、
「9に1をたして10」のまとまりをイメージす
ると理解が進みます。

⬛⬛⬛⬛⬛⬛⬛⬛⬛⬜ ←あと1で10 9+5=14
⚫⚫⚫⚫⚫

きほん② ❶ $8+5=13$ ・8と 2で 10。
   10 ② ③   10と 3で 13。

❷ $7+5=12$ ・7と 3で 10。
   10 ③ ②   10と 2で 12。

❸ $6+5=11$ ・6と 4で 10。
   10 ④ ①   10と 1で 11。

❷ ❶ $9+2=11$ ❷ $8+4=12$
   10 ① ①   10 ② ②

てびき 2つの数⑤と⑥のたし算「⑤+⑥」で、前
の数⑤のことを**被加数**といい、うしろの数⑥の
ことを**加数**といいます。8+5の計算では、

$$8+5$$
$$② \ ③$$

5を2と3に分解します。
8に2をたして10、
10と3で13

のように計算する方法を**加数分解**といいます。
加数を分解して、10のまとまりをつくる方法
は、1年生にも理解しやすいといわれます。そ
こで、教科書でも学校の授業でも加数分解から
教えることがほとんどです。

　最初は被加数が9の場合を学び、つぎに被加
数が8の場合を考えます。8はあと2で10
ですから、加数を「2といくつ」に分けて計算
します。理解がしにくい場合は、下のように、
10の入れ物をイメージさせ、図に示すとよい
でしょう。

⬛⬛⬛⬛⬛⬛⬛⬛⬜⬜ ←あと2で10
⚫⚫⚫⚫⚫

❸ ❶ $9+8=17$ ❷ $9+6=15$
   ❸ $9+9=18$ ❹ $8+3=11$
   ❺ $7+6=13$ ❻ $6+6=12$

てびき 計算のしかたを声に出して説明させてみ
ると理解が進みます。

❶ $9+8=17$ ❷ $9+6=15$
   10 ① 7   10 ① 5

❸ $9+9=18$ ❹ $8+3=11$
   10 ① 8   10 ② 1

❺ $7+6=13$ ❻ $6+6=12$
   10 ③ 3   10 ④ 2

56・57 ページ きほんのワーク

きほん① ❶ 4を 10に
する。

4と 6で 10。

10と 3で 13。

❷ 9を 10に
する。

9と 1で 10。

10と 3で 13。

❶ ❶ 3+8=$\boxed{11}$ 　　❷ 3+8=$\boxed{11}$
　　　　7 ①　　　　　　　　1 ②

❷ ❶ 2+9=$\boxed{11}$　　❷ 3+9=$\boxed{12}$
　❸ 4+8=$\boxed{12}$　　❹ 5+8=$\boxed{13}$
　❺ 4+7=$\boxed{11}$　　❻ 7+5=$\boxed{12}$

〔てびき〕　これまでは、＋の後の数を 2 つに分けて 10 をつくる方法（加数分解）を学んできました。ここでは、＋の前の数を 2 つに分けて 10 をつくる方法（被加数分解）を学びます。

4＋9　　　　4＋9　　　9に
⑩　3　　　3　⑩　　　1をたして10
6　　　　　　　　　　10と3で13
加数分解　　被加数分解

　一般的に、＋の前の数（被加数）が小さく、くり上がりのある計算の場合は、被加数分解の方が計算しやすいといわれますが、あくまでも加数分解で計算するお子さんも多いようです。計算のしかたはどちらでも構いません。お子さんのしやすい方法で計算しましょう。

〔きほん2〕　□□□□□　　　□□□□□□□
8 を 5 と $\boxed{3}$、7 を $\boxed{5}$ と 2 に わける。

5 と 5 で $\boxed{10}$。
のこりの 3 と 2 で $\boxed{5}$。
10 と $\boxed{5}$ で 15。

❸ ❶ 9+7=$\boxed{16}$　　❷ 8+5=$\boxed{13}$
　❸ 6+7=$\boxed{13}$　　❹ 7+8=$\boxed{15}$
　❺ 8+9=$\boxed{17}$　　❻ 7+7=$\boxed{14}$
　❼ 7+6=$\boxed{13}$　　❽ 5+6=$\boxed{11}$
　❾ 6+9=$\boxed{15}$

〔てびき〕　加数分解、被加数分解の他にも、加数・被加数とも 5 といくつに分解して、その 5 どうしで 10 をつくる方法もあります。

7 ＋ 6 ＝ 13
5 2 5 1
10　3

7は5と2
6は5と1 →13
10　3

　また、素朴な方法として、たとえば 7+4 を、8、9、10、11 と数えたしによって求める方法もあります。

❹ 〔しき〕 $\boxed{6+6=12}$　　こたえ $\boxed{12}$ 本

〔58 ページ〕 きほんのワーク

きほん1　〔14〕　〔15〕　〔16〕　〔17〕
5+9　6+9　7+9　8+9
6+8　7+8　8+8　9+8
7+7　8+7　9+7
8+6　9+6
9+5

❶ ❶ ⟨7+9⟩ 8+5　　❷ 9+2 ⟨8+4⟩
　❸ ⟨8+6⟩ 9+3　　❹ ⟨6+9⟩ 5+7
❷ ❶ 9+$\boxed{4}$　　❷ 5+$\boxed{8}$
　❸ $\boxed{7}$+6　　❹ $\boxed{6}$+7

👉 たしかめよう！
　たしざんの カードを つかって、こたえが おなじに なる しきを ならべて みましょう。どんな きまりが みつかるかな。おうちの 人に はなしてみよう。

〔59 ページ〕 れんしゅうのワーク❶

❶ ❶ 4 を 3 と $\boxed{1}$ に わける。
　　7 と $\boxed{3}$ で 10。
　　10 と $\boxed{1}$ で $\boxed{11}$。
　❷ 5 を 1 と $\boxed{4}$ に わける。
　　9 と $\boxed{1}$ で 10。
　　10 と $\boxed{4}$ で $\boxed{14}$。
❷ ❶ 5+$\boxed{6}$　　❷ $\boxed{3}$+8
　❸ 7+$\boxed{4}$　　❹ 2+$\boxed{9}$
❸ 〔れい〕
　めだかが、大きな 水そうに 8 ひき、小さな 水そうに 6 ぴき います。めだかは、あわせて なんびき いますか。

〔てびき〕　式を見て、いろいろなお話をつくってみましょう。

60ページ れんしゅうのワーク❷

❶
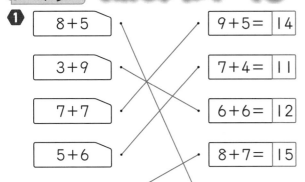

8+5	9+5= 14
3+9	7+4= 11
7+7	6+6= 12
5+6	8+7= 15
9+6	5+8= 13

❷
れい
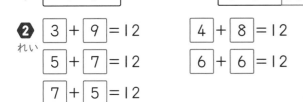

$\boxed{3}+\boxed{9}=12$　　$\boxed{4}+\boxed{8}=12$

$\boxed{5}+\boxed{7}=12$　　$\boxed{6}+\boxed{6}=12$

$\boxed{7}+\boxed{5}=12$

てびき 例のほか、8+4、9+3 などもあります。

61ページ まとめのテスト

❶
❶ $2+9=\boxed{11}$　　❷ $7+8=\boxed{15}$
❸ $5+6=\boxed{11}$　　❹ $8+3=\boxed{11}$
❺ $6+9=\boxed{15}$　　❻ $3+8=\boxed{11}$
❼ $9+5=\boxed{14}$　　❽ $5+8=\boxed{13}$
❾ $4+7=\boxed{11}$　　❿ $8+9=\boxed{17}$
⓫ $9+4=\boxed{13}$　　⓬ $7+6=\boxed{13}$

てびき 1年生のくり上がりのあるたし算でつまずきやすいのは、「6＋いくつ」「7＋いくつ」の計算といわれています。何度も声に出しながら計算するとよいでしょう。お子さんによっては、「6＋いくつ」「7＋いくつ」以外にも苦手な計算がある場合がありますから、チェックしてみてください。ご家庭でもゲーム感覚で問題を出し合い、計算に強くなりましょう。お子さんの苦手を知った上で、出題してください。

ミスの出やすい計算	
6+5	7+4
6+6	7+5
6+7	7+6
6+8	7+7
6+9	7+8
	7+9

❷ しき $\boxed{4+8=12}$　　こたえ（12 とう）
❸ しき $\boxed{7+4=11}$　　こたえ（11 ぴき）

てびき

図で表してみましょう。

---

⑫ ひきざん

62・63ページ きほんのワーク

きほん❶
❶ 4から 9は ひけない。
❷ 14を 10と 4に わける。
❸ 10から 9を ひいて $\boxed{1}$。
❹ 1と 4を たして $\boxed{5}$。

$14-9=\boxed{5}$
　⑩　④

てびき くり下がりのあるひき算の学習が始まります。まず（10 いくつ）−9の計算のしかたを考えます。

14−9の計算は次のように考えましょう。
・14を 10と 4に分ける。
・10から 9をひいて 1。（10−9=1）
・1と 4をたして 5。（1+4=5）

ひいてからたすので、減加法（げんかほう）といいます。くり下がりのあるひき算は、この減加法から学びます。くり上がりのあるたし算が 10を 1まとまりと考えたのと同様に、くり下がりのあるひき算では、ひかれる数を 10といくつかに分け、10のまとまりからひいて、その答えと残りの数をたします。

❶
❶ $12-9=\boxed{3}$　・12を 10と ②に わける。
　⑩　②　　　　　　10から 9を ひいて ①。
　　　　　　　　　1と ②を たして 3。

❷ $15-9=\boxed{6}$　・15を 10と ⑤に わける。
　⑩　⑤　　　　　　10から 9を ひいて ①。
　　　　　　　　　1と ⑤を たして 6。

きほん❷
$11-8=3$　・1から 8は ひけない。
　⑩　①　　　　11を 10と $\boxed{1}$に わける。
　　　　　　　10から 8を ひいて $\boxed{2}$。
　　　　　　　2と 1を たして $\boxed{3}$。

❷
❶ $13-9=\boxed{4}$　　　❷ $12-8=\boxed{4}$
　⑩　③　　　　　　　　⑩　②

❸ 13−7= 6　　❹ 16−9= 7
　⌢　　　　　　　⌢
　⑩ ③　　　　　　⑩ ⑥

❸ ❶ 11−9=②　　❷ 13−8=⑤
　❸ 17−9=⑧　　❹ 15−8=⑦
　❺ 18−9=⑨　　❻ 16−8=⑧

てびき 計算のしかたを説明してみましょう。理解が深まります。
　❶ 11−9=2　　　10から9をひいて1。
　　 ⌢　　　　　　1と1をたして2。
　　10 1
　❷ 13−8=5　　　10から8をひいて2。
　　 ⌢　　　　　　2と3をたして5。
　　10 3
　❸ 17−9=8　　　10から9をひいて1。
　　 ⌢　　　　　　1と7をたして8。
　　10 7
　❹ 15−8=7　　　10から8をひいて2。
　　 ⌢　　　　　　2と5をたして7。
　　10 5
　❺ 18−9=9　　　10から9をひいて1。
　　 ⌢　　　　　　1と8をたして9。
　　10 8
　❻ 16−8=8　　　10から8をひいて2。
　　 ⌢　　　　　　2と6をたして8。
　　10 6

64・65 ページ　きほんのワーク

きほん1　12−3=9・3を 2と 1に わける。
　　　　　　 ⌢
　　　　　　② ①　　12から 2を ひいて 10。
　　　　　　　　　　10から 1を ひいて 9。

てびき くり下がりのあるひき算には、大きく2通りの方法があります。
12−3の計算のしかた
　① 12−3　　10から3をひいて7。
　　 ⌢　　　 7と2をたして9。
　　10 2
　② 12−3　　12から2をひいて10。
　　　 ⌢　　 10から1をひいて9。
　　　2 1
　①はいままで学習した減加法。②は、ひいてからひくので**減減法**といいます。おもに①の減加法を学びますが、②の減減法が便利なこともあります。状況に応じて使い分けましょう。

❶ ❶ 14−5= 9 ・5を4と①にわける。
　　　 ⌢
　　　④ ①　　　14から4をひいて⑩。
　　　　　　　　10から①をひいて9。

❷ 17−8= 9 ・8を 7と①にわける。
　　 ⌢
　　⑦ ①　　　⑰から7をひいて10。
　　　　　　　10から①をひいて9。

❷ ❶ 11−2=9
　❷ 13−4=9
　❸ 15−6=9
　❹ 11−4=7
　❺ 14−6=8
　❻ 16−8=8

てびき 減減法での考え方を示しておきます。もちろん減加法で解いても構いません。
　❶ 11−2=9　　・2を1と1に分ける。
　　　 ⌢　　　　11から1をひいて10。
　　　① ①　　　10から1をひいて9。
　❷ 13−4=9　　・4を3と1に分ける。
　　　 ⌢　　　　13から3をひいて10。
　　　③ ①　　　10から1をひいて9。
　❸ 15−6=9　　・6を5と1に分ける。
　　　 ⌢　　　　15から5をひいて10。
　　　⑤ ①　　　10から1をひいて9。
　❹ 11−4=7　　・4を1と3に分ける。
　　　 ⌢　　　　11から1をひいて10。
　　　① ③　　　10から3をひいて7。
　❺ 14−6=8　　・6を4と2に分ける。
　　　 ⌢　　　　14から4をひいて10。
　　　④ ②　　　10から2をひいて8。
　❻ 16−8=8　　・8を6と2に分ける。
　　　 ⌢　　　　16から6をひいて10。
　　　⑥ ②　　　10から2をひいて8。

きほん2

❶ 11を 10　[11−3 ⌢ 10 1]　❷ 3を 1と
　と 1に　　　　　　　　2に わける。[11−3 ⌢ 1 2]
　わける。
　10から 3 をひいて 7。　　11から1をひいて10。
　7と 1 をたして 8。　　　10から2をひいて8。

❸ ❶ 13−5= 8　　　❷ 13−5= 8
　　 ⌢　　　　　　　　　　⌢
　　10 ③　　　　　　　　　3 ②

❹ ❶ 11−7=④　　❷ 12−5=⑦
　❸ 12−4=⑧　　❹ 13−7=⑥
　❺ 14−7=⑦　　❻ 14−8=⑥
　❼ 15−7=⑧　　❽ 16−9=⑦
　❾ 15−8=⑦

14

❶ 11-7=4
⑩ ①
・11 を 10 と 1 に分ける。
10 から 7 をひいて 3。
3 と 1 をたして 4。

11-7=4
① ⑥
・7 を 1 と 6 に分ける。
11 から 1 をひいて 10。
10 から 6 をひいて 4。

❸ 12-4=8
⑩ ②
・12 を 10 と 2 に分ける。
10 から 4 をひいて 6。
6 と 2 をたして 8。

12-4=8
② ②
・4 を 2 と 2 に分ける。
12 から 2 をひいて 10。
10 から 2 をひいて 8。

おもに減加法を学びますが減減法のほうが計算しやすいこともあります。何度も声に出すことで、すぐに答えが出せるようにしましょう。

66・67 ページ きほんのワーク

きほん❶
〔3〕
11-8
12-9

〔4〕
11-7
12-8
13-9

〔5〕
11-6
12-7
13-8
14-9

〔6〕
11-5
12-6
13-7
14-8
15-9

❶ ❶ (15-9) 13-8　❷ 12-9 (11-7)
❸ (12-6) 14-9　❹ 13-8 (12-6)

❷ ❶ 12-⑤　❷ 14-⑦
❸ ⑮-8　❹ 13-6

てびき　ひき算カードを使って、答えが同じになる式を考えてみましょう。

きほん❷ ❶ たしざん
❷ しき 6+7=13　こたえ 13 人
❸ ❶ しき 8+6=14　こたえ 14 本
❷ しき 8-6=2
こたえ 青 い えんぴつが ② 本 おおい
❹ しき 13-6=7　こたえ ⑦ こ

68 ページ れんしゅうのワーク

❶ ❶ 13 を 10 と ③ に わける。
10 から ⑥ を ひいて 4。
4 と ③ を たして ⑦。
❷ 16 を ⑩ と 6 に わける。
10 から 9 を ひいて 1。
1 と ⑥ を たして ⑦。

❷ ❶ 11-②　❷ ⑬-4
❸ 15-⑥　❹ ⑫-3

❸ 〔れい〕
りんごが 13こ ありました。
5こ たべました。
のこりは、なんこに なりましたか。

69 ページ まとめのテスト

❶ ❶ 11-4=⑦
❷ 12-5=⑦
❸ 13-7=⑥
❹ 11-6=⑤
❺ 17-8=⑨
❻ 14-5=⑨
❼ 12-8=④
❽ 16-7=⑨
❾ 15-6=⑨
❿ 13-9=④
⓫ 18-9=⑨
⓬ 14-8=⑥

❷ しき 12-4=8　こたえ（ 8 本 ）

❸ しき 16-8=8
こたえ（ 赤い いろがみが 8まい おおい ）

てびき　❸ は数量の違いを求める問題（求差）です。

赤 ●●●●●●●●　●●●●●●●●
青 ●●●●●●●●
　　　　　　　　　違い

たとえば、16 枚の色紙から 8 枚使ったときの残りを求めるときにも、式は 16-8（=8）になります。でも、これを図に表すと、

●●●●●●●● ●●●●●●●● → または
●●●●●●●● ●●●●●●●● \\\\\\\\ となります。

図に表して考える習慣を身につけることで、思考力も高めることができます。1 年生のうちに、文章を絵や図に表し、場面をイメージするようにしておきましょう。

⑬ くらべてみよう

70・71ページ きほんのワーク

きほん1 ❶ いちばん ながい もの （え）
❷ いちばん みじかい もの （い）

❶ ⑥

てびき ⑥の方がテープがたるんでいることに注目しましょう。たるんでいるということは、まっすぐにのばしたら、⑥の方が長くなることを理解できたでしょうか。テープや糸などを使って、たるみをもったものをまっすぐにのばすと長くなることを確認しましょう。

❷ ❶ ⑥　　❷ ⑥

きほん2 ⑥

てびき 長さを比べるときに、直接並べたり、重ねたりできないときには、テープなどを使って間接的に比べます。2年生で学習する物差しを使った長さの測り方のもとになる考えです。「机の横の長さの方がドアの幅よりも長いから、このままでは机を通すことはできない。」「机をななめにすれば通せるのではないか？」などと論理的な思考につながっていく問題です。

❸ ❶ ⑥　　❷ ⑥
❹ ❶ ⑥　　❷ え

72・73ページ きほんのワーク

きほん1 ⑥

❶ ⑥ 9こぶん　　い 5こぶん
　 う 2こぶん　　え 3こぶん
　 お 8こぶん

☞ たしかめよう！

ながさを くらべるときには、ますのいくつぶんでくらべることもできます。

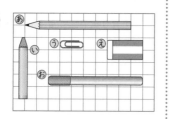

⑥の えんぴつは、ますの 9こぶんに なります。えんぴつのとがった しんの ところも かぞえましょう。

⑥の クレヨンは たてに なって いるけれど、ますの 5こぶんと かぞえます。

❷ ❶ い 1（こぶん）
　 ❷ い 1（こぶん）

きほん2 ❶ ⑥
❷ い

てびき ❶ ⑥の水をいに入れたら、入りきらずにあふれたので、⑥の方が多く入ります。
❷ ⑥、いを同じ大きさの入れ物に移しかえたら、いの方が水の高さが高くなったので、いの方が多く入ることがわかります。

❸ ⑥

てびき 入れ物の大きさが異なっていて、水の高さは同じなので、底がいちばん大きな⑥の入れ物に多く入っていることがわかります。

❹ （い→う→⑥）

てびき 同じ大きさの入れ物で、水の高さが違うので、高さの高い入れ物が多く入っていることがわかります。

74・75ページ きほんのワーク

きほん1 ⑥は 5 はい　　いは 9 はい
おおく 入るのは い。

てびき コップに水を移しかえて、かさを比べます。このように身近なものを用いて、そのいくつ分で比べる方法を任意単位による比較といいます。量の感覚を持てないお子さんが増えているといわれています。ぜひ、お風呂場などで、コップいくつ分、ペットボトル何本分というように、水をはかる体験をしてみましょう。2年生の「かさの単位」の学習にもつながります。

❶ ❶ すいとう 5 はい
　 ● なべ 7 はい
　 ● ポット 9 はい
　 ❷ 2 はいぶん

❷ い

てびき ⑥の箱が、いの箱の中にすっぽりおさまっています。ここでは容積を比べています。

きほん2 ひろいのは→い
❸ （い→う→⑥）
❹ ⑥

てびき 同じ広さの絵が何枚あるかで比べます。⑥は9枚、いは8枚です。

❶ (⑤→⑥→◐)
❷ (⑥→⑤→◐)

👆 **たしかめよう!**

 ⑥には コップ 9 はいぶん、
 ◐には 5 はいぶんと すこし、
 ⑤には 6 はいぶん 入ります。

❸ ❶ 青   ❷ 赤

👆 **たしかめよう!**

 ❶ 赤が 17 ます、青が 18 ます。
 ❷ 赤が 18 ます、青が 17 ます。

❶ ❶ ⑥   ❷ ◐
❷ ❶ たて   ❷ よこ
❸ ❶ ◐   ❷ ◐

⑭ かたちを つくろう

きほん❶ ❶   ❷   ❸

4 まい   4 まい   3 まい

🪧 **てびき** 上の図は例です。図に線をひいたように、分けて考えましょう。

❶ ❶   ❷ ❸

7 本   10 本   13 本

❷ 〔れい〕   〔れい〕

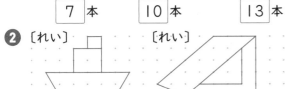

❶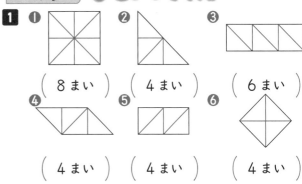

❶ (8 まい) ❷ (4 まい) ❸ (6 まい)
❹ (4 まい) ❺ (4 まい) ❻ (4 まい)

🪧 **てびき** 上の図は例です。頭で考えるだけでなく、実際に三角形の紙を切って並べ、動かしてみると、理解が深まります。

❷ 〔れい〕

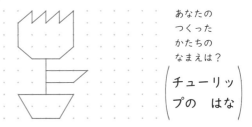

あなたの
つくった
かたちの
なまえは?

(チューリッ
プの はな)

🪧 **てびき** 色板あそびや形づくりは、高学年の図形の学習の基礎となるものです。
 色板のもようづくりなどを通じて、図形に対するセンスを身につけておきたいものです。

⑮ 大きい かずを かぞえよう

きほん❶ 10 が 3 こで 30 。
30 と 5 で さんじゅうごと いいます。

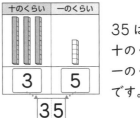

35 は、
十のくらいの すうじが 3 、
一のくらいの すうじが 5
です。

❶ ❶ 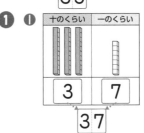 ❷

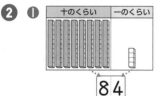 ● 十のくらいが 5で、一のくらいが 0の
かずは 50。
② 10が 4こと、1が7こで 47。
② ●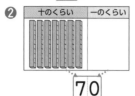
84   70
③ 73 こ
④ ● 10が 9こと、1が 4こで 94。
② 10が 8こで 80。
③ 十のくらいが 6で、一のくらいが 3の
かずは 63。

てびき 大きいかずは、10のまとまりで考えます。10のまとまり、100のまとまり、1000のまとまり、10000のまとまり、…と学年が上がるごとに数の世界が広がっていきます。ただ、小さなお子さんにとって、10以上の数はあまりイメージが持てないことが多いようです。イメージがつかめていないなと感じたら、お金など身近なものにおきかえて、考えてみましょう。

82・83 ページ きほんのワーク

きほん1 100 こ
10が 10こで、100と かき、百と よみます。
100は、99より 1 大きい かずです。
● 100 まい
② ● 76─77─78─79─80─81─82─83
② 30─40─50─60─70─80─90─100
③ ● 98より 2 大きい かずは 100。
② 100より 1 小さい かずは 99。

きほん2 ● 100と 13で、113です。これを、ひゃくじゅうさんと よみます。
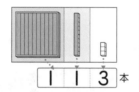
1 1 3 本
④ ● 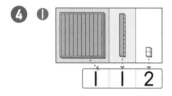   ②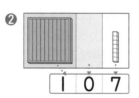
1 1 2   1 0 7
⑤
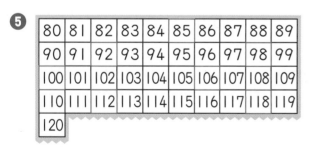

80	81	82	83	84	85	86	87	88	89
90	91	92	93	94	95	96	97	98	99
100	101	102	103	104	105	106	107	108	109
110	111	112	113	114	115	116	117	118	119
120									

84・85 ページ きほんのワーク

きほん1 しき 30+40= 70   こたえ 70 まい
● ● 40+20= 60
② 10+70= 80
③ 30+10= 40
④ 20+20= 40
⑤ 70+10= 80
⑥ 40+60= 100
⑦ 20+80= 100
⑧ 70+30= 100
② しき 60+40=100   こたえ 100 まい

きほん2 しき 24+3= 27   こたえ 27 本
③ ● 32+1= 33
② 45+3= 48
③ 26+2= 28
④ 80+6= 86
⑤ 51+6= 57
⑥ 7+22= 29
⑦ 4+31= 35
⑧ 8+50= 58
⑨ 3+42= 45
⑩ 5+90= 95

👉 たしかめよう!

おなじ くらいどうしを たします。
● 32+1 32を 30と 2と みます。
30 2 ③ ばらの 2と 1を たして3。
33   30と 3で 33。

③ ⑩⑩ ①①①①①① ◁ ①①

❹ しき 43＋6＝49　　　こたえ 49 人

---

❸ ❶ 59－4＝55
　 ❷ 37－6＝31
　 ❸ 78－7＝71
　 ❹ 95－3＝92
　 ❺ 46－4＝42
　 ❻ 58－8＝50
　 ❼ 33－3＝30
　 ❽ 66－6＝60
　 ❾ 79－9＝70
　 ❿ 87－7＝80

❹ しき 28－6＝22　　　こたえ 22 こ

86・87 ページ きほんのワーク

きほん1 しき 70－20＝50　　　こたえ 50 まい

❶ ❶ 50－30＝20
　 ❷ 70－40＝30
　 ❸ 80－30＝50
　 ❹ 60－20＝40
　 ❺ 90－40＝50
　 ❻ 100－30＝70
　 ❼ 100－50＝50
　 ❽ 100－20＝80

❷ しき 100－40＝60　　　こたえ 60 まい

きほん2 しき 47－5＝42　　　こたえ 42 まい

---

88 ページ れんしゅうのワーク

❶ ❶ 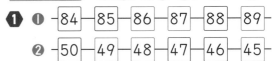 84－85－86－87－88－89
　 ❷ 50－49－48－47－46－45
　 ❸ 59より 1 大きい かずは 60。
　 ❹ 90より 1 小さい かずは 89。
　 ❺ 3　　　　　　　　❻ 100

❷ ❶ 58 > 56　❷ 84 > 74　❸ 101 > 99

❸ しき 40＋30＝70　　　こたえ（ 70 円 ）

---

89 ページ まとめのテスト

❶ ❶ 62 本　❷ 90 まい　❸ 108 こ

❷ ❶ 10が 4 ことと、1が 9 こで 49。
　 ❷ 70は 10が 7 こ。
　 ❸ 十のくらいが 9、一のくらいが 7 のかずは 97。
　 ❹
　　　　100　　106　110　　116　120

❸ ❶ 40＋6＝46
　 ❷ 83＋4＝87
　 ❸ 68－5＝63
　 ❹ 57－7＝50

---

⑯ なんじなんぷん

90・91 ページ きほんのワーク

きほん1 7 じ 15 ふん

❶ ❶ 3 じ 40 ぷん
　 ❷ 9 じ 10 ぷん
　 ❸ 11 じ 30 ぷん（11 じはん）
　 ❹ 5 じ 45 ふん

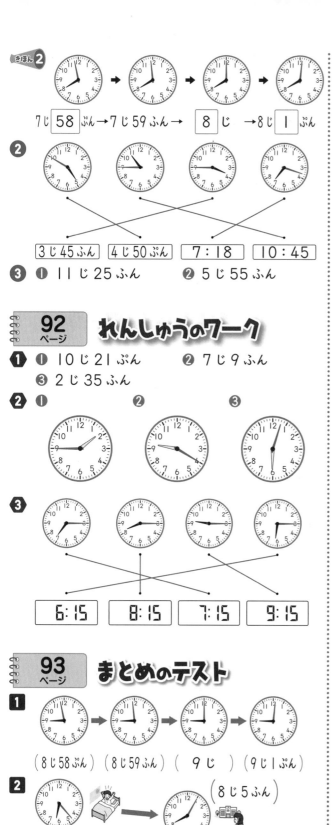

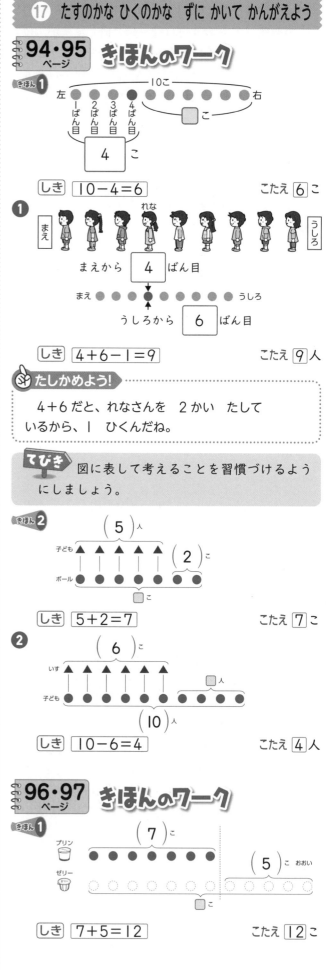

❶

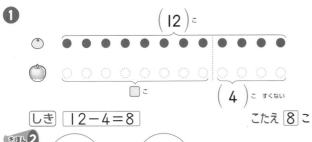

〈12〉こ

◎ ●●●●●●●●●●●●●
🍎 ○○○○○○○○○ ○○○
□こ 〈4〉こ すくない

しき 12-4=8   こたえ 8 こ

5 + 5 =10

❷ [れい] りな  けんと

6 + 6 + 6 =18

てびき かけ算、わり算のもとになる考えです。
図をよく見て考えているかどうか確かめてください。

---

98 ページ れんしゅうのワーク

❶ しき 6+5=11   こたえ 11 人
❷ しき 14-8=6   こたえ 6 人
❸ しき 13-6=7   こたえ 7 こ

てびき ガムは 13 個のあめより 6 個少なく買っ
たので、式は 13-6 になります。

❹ しき 4+1+3=8   こたえ 8 人

てびき 図にかいて考えましょう。

まえ○ ○ ○ ○ ● ○ ○ ○うしろ
  4人 そうた 3人

---

99 ページ まとめのテスト

1 〈6〉本
赤 ●●●●●●
きいろ ○ ○ ○ ○ ○ ○ ○ ○ ○ ○ ○ 〈5〉本 おおい

しき 6+5=11   こたえ 11 本

2 〈5〉人
子ども ▲▲▲▲▲
けんばん ●●●●● ●●●● 〈4〉こ
ハーモニカ

しき 5+4=9   こたえ 9 こ

3 〈15〉人
まえ●●●●●●●○●●●●●●●うしろ
  〈8〉ばん目

しき 15-8=7   こたえ 7 人

---

⑱ かずしらべ

100 ページ きほんのワーク

きほん1
❶ ❶ 月よう日 2こ 火よう日 4こ
   水よう日 3こ
   木よう日 5こ
   金よう日 5こ

❷
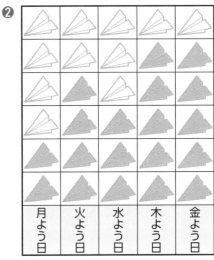

---

101 ページ まとめのテスト

1 ❶ 月よう日 4こ 火よう日 1こ
   水よう日 2こ 木よう日 2こ
   金よう日 3こ

❷
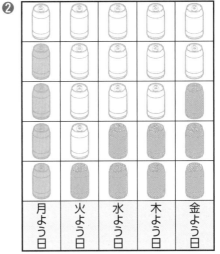

❸ 3こ

21

⑲ 1年の まとめを しよう

102 ページ **まとめのテスト❶**

1 ❶ 10が 8こと、1が 3こで 83 。

❷ 67は 10を 6 こと、1を 7 こ
あわせた かず。

❸ 10が 10 こで 100。

❹ 109より1 大きい かずは 110 。

2 ❶ ─76─77─78─79─80─81─

❷ ─115─116─117─118─119─120─

❸ ─60─70─80─90─100─110─

てびき ❸は 10ずつ増えているので 70、100、
110が 入ります。

3 ❶ しき 13+6=19　　こたえ 19まい
❷ しき 13−6=7　　こたえ 7まい

103 ページ **まとめのテスト❷**

1 ❶ 5+9= 14　　❷ 8+0= 8
❸ 9−3= 6　　❹ 16−9= 7
❺ 13+4= 17　　❻ 13−6= 7
❼ 6+42= 48　　❽ 57−2= 55
❾ 20+60= 80　　❿ 80−80= 0

てびき くり上がりのあるたし算や、くり下がり
のあるひき算の計算は、正しくできていますか。
間違ってしまった問題は、何度もくり返し解い
ておきましょう。

2 （う）→（い）→（お）→（あ）→（え）

たしかめよう！

あ→6つぶん　い→8つぶん　う→9つぶん
え→5つぶん　お→7つぶん

3 ❶ 　❷ 　❸
（8じ15ふん）　（2じ45ふん）　（7じ5ふん）

● プログラミングの プ

104 ページ **まなびのワーク**

きほん1 ぜんぶで 2 ほ すすみます。

あ

たしかめよう！

いの めいれいだと、スタートの いちで
左を むき、つぎに 右を むくので、こまは
スタートの まま うごかないことに
なります。

てびき 小学校でプログラミングが必修化されて
います。音楽では様々なリズムやパターンを組
み合わせた音楽づくり、社会では条件の組み合
わせから都道府県を特定するワーク、算数では
正多角形をかく命令を作る学習などがプログラ
ミングと関連づけて行われています。

　小学校では「プログラミング的思考」を身につ
けることや、生活にコンピュータの仕組みが利
用されていることを学びます。

　プログラミング的思考とは、自分が意図する
動きをコンピュータにさせるには、どんな命令
をどんな順序で行えば良いのかを論理的に考え
ることです。

　本書でも、1年生の段階からプログラミング
的思考に触れることで、論理的思考力を身につ
けることをねらっています。

実力はんていテスト) **こたえとてびき**……………

夏休みのテスト①

1 4 こ 6 ぽん

2 ❶

| 1 | 2 | 3 | 4 | 5 | 6 |

❷

| 10 | 9 | 8 | 7 | 6 | 5 |

3 ❶ 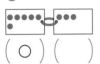 　　❷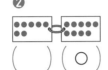

（○）（　）　　　　（　）（○）

❸ 　　❹

6 ⌒ 7　　　　　8 ⌒ 5

（　）（○）　　　　（○）（　）

4 ❶

❷

5 ❶ 7 は 2 と 5

❷ 6 は 2 と 4

❸ 2 と 6 で 8

❹ 3 と 7 で 10

❺ 9 は 3 と 6

❻ 10 は 4 と 6

❼ 4 と 5 で 9

❽ 3 と 5 で 8

> 10までの数
> の合成・分解は、
> たし算、ひき算の
> もととなる大切な
> 考えです。つまず
> きが見られたら、
> 確実にできるよう
> に声に出して練習
> しておきましょう。

夏休みのテスト②

1 ❶ 7　　　❷ 9　　　❸ 7
　　❹ 10　　❺ 10　　❻ 8

2 ❶ 4　　　❷ 7　　　❸ 1
　　❹ 7　　　❺ 0　　　❻ 6

3 ❶ 7 − 3 = 4
　　❷ 7 + 3 = 10

4 しき 3 + 5 = 8　　　　こたえ 8 ほん

5 しき 8 − 6 = 2　　　　こたえ 2 まい

冬休みのテスト①

1 ❶  16 こ　 14 ほん

> てびき　10のまとまりを線でかこんで、10の
> まとまりを意識して数えましょう。

2 ❶ 4 じ　　❷ 10 じはん

3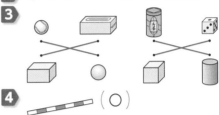

4  （○）
　　　　　　（　）

5 ❶
　　（　）（○）　（○）（　）

6 ❶

| 10 | 11 | 12 | 13 | 14 | 15 |

❷

| 10 | 12 | 14 | 16 | 18 | 20 |

7 ❶ 16　❷ 13　❸ 18　❹ 10

冬休みのテスト②

1 ❶ 16　　　❷ 17　　　❸ 15
　　❹ 11　　　❺ 13

2 ❶ 10　　　❷ 16　　　❸ 8
　　❹ 4　　　　❺ 8

3 ❶ 5　　　❷ 7

4 ❶ めろん　❷ 2 こ　❸ 4 ほん　❹ 4 こ

> てびき　❹メロンは5個、りんごは1個だから、
> 違いは4個になります。2年生で学習する表と
> グラフにつながる学習です。

5 しき 8 + 4 = 12　　　　こたえ 12 ひき

> てびき　初めに8匹いて、あとから4匹もらっ
> たので、たし算になります。

6 しき 15 − 7 = 8　　　　こたえ 8 まい

> てびき　弟にあげて、残りを求めるから、ひき算
> になります。

学年末のテスト①

1 ❶ 36 こ   ❷ 17 こ

> **てびき** ❶ 10個入りの箱が3箱と、ばらが6個で36個です。
> ❷ プリン2個で1パックが8パックと、ばらが1個で17個です。2、4、6、…と数えます。

2 ❶ — 92 — 93 — 94 — 95 — 96 — 97 —
❷ — 60 — 70 — 80 — 90 — 100 — 110 —

3 ❶ 7 じ 25 ふん   ❷ 2 じ 56 ぷん

4 ❶ 12 まい   ❷ 9 まい

> **たしかめよう！**
>
> せんで くぎって かんがえましょう。
> 〔れい〕
>
>

5 ❶ 74   ❷ 46
❸ 6   ❹ 100
❺ 60   ❻ 91

学年末のテスト②

1 ❶ 4+2=6   ❷ 8+7=15
❸ 17−8=9   ❹ 13−7=6
❺ 9+6=15   ❻ 20+5=25
❼ 0+0=0   ❽ 11−8=3
❾ 13+3=16   ❿ 30+60=90
⓫ 17−5=12   ⓬ 68−8=60
⓭ 7−7=0   ⓮ 5+6=11
⓯ 12−9=3   ⓰ 90−60=30
⓱ 4+2+4=10   ⓲ 10−2−5=3
⓳ 16−6+3=13   ⓴ 12+5−4=13

> **てびき** 1年生で学ぶたし算、ひき算をまとめています。くり上がり、くり下がりの意味を理解しているかどうかをチェックしてください。

2 ❶ しき 12+7=19   こたえ 19 人
❷ しき 12−7=5
       こたえ こどもが 5 人 おおい。

3 しき 14−6=8   こたえ 8 こ

4 しき 30+40=70   こたえ 70 まい

まるごと 文章題テスト①

1

（ 4 ）人   6人
しき 4+6=10   こたえ 10人

2 ❶ しき 14+5=19   こたえ 19 こ
❷ しき 14−5=9
       こたえ ケーキが 9 こ おおい。

> **てびき** 問題文に出てくる14と5という数字だけを見て、式を書かないように気をつけましょう。文章題は、図にかいて考える習慣を身につけたいものです。

3
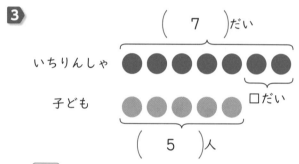
いちりんしゃ   （ 7 ）だい
子ども   □だい
（ 5 ）人
しき 7−5=2   こたえ 2 だい

4

いす   （ 8 ）つ
人   （ 6 ）人
□人
しき 8+6=14   こたえ 14 人

まるごと 文章題テスト②

1 しき 9+5=14   こたえ 14 本

2 しき 12−9=3   こたえ 3 こ

3 しき 4+6−5=5   こたえ 5 こ

4 しき 15−7=8   こたえ 8 こ

5
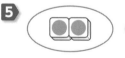
こたえ 2 こ（ずつ）
しき 2+[2]+[2]=6

> **てびき** 2年生のかけ算、3年生のわり算につながる内容です。おはじきやブロックなどの6個のものを実際に分けてみましょう。

6 しき 25−4=21   こたえ 21 まい